Études de l'OCDE sur la croissance verte

Indicateurs de croissance verte pour l'agriculture

ÉVALUATION PRÉLIMINAIRE

Merci de citer cet ouvrage comme suit :
OCDE (2015), *Indicateurs de croissance verte pour l'agriculture : Évaluation préliminaire*, Études de l'OCDE sur la croissance verte, Éditions OCDE, Paris.
http://dx.doi.org/10.1787/9789264226111-fr

ISBN 978-92-64-22610-4 (imprimé)
ISBN 978-92-64-22611-1 (PDF)

Collection: Études de l'OCDE sur la croissance verte
ISSN 2222-9531 (imprimé)
ISSN 2222-954X (en ligne)

Les corrigenda des publications de l'OCDE sont disponibles sur : *www.oecd.org/about/publishing/corrigenda.htm*.

Avant-propos

Corollairement à sa *Stratégie pour une croissance verte*, le Secrétariat de l'OCDE a conçu un cadre théorique où inscrire le suivi de l'action que les pays peuvent mener pour poursuivre leur croissance et leur développement économique tout en luttant contre le changement climatique et en évitant de gaspiller les ressources naturelles et de dégrader l'environnement.

Ce rapport présente les travaux réalisés à ce jour en vue de caractériser des indicateurs utiles et mesurables dans le secteur de l'agriculture, conformément au *Cadre de mesure de la croissance verte* de l'OCDE. Ces indicateurs ont été calculés et appliqués à un certain nombre de pays de l'OCDE dans trois domaines particuliers : le passage à la sobriété en carbone et à une utilisation efficace des ressources dans le secteur agricole ; le maintien du stock d'actifs naturels ; et la mise en œuvre d'une politique visant à tirer parti des opportunités économiques associées à la croissance verte dans le secteur agricole.

La plupart des indicateurs de croissance verte recoupent les indicateurs existants du soutien public apporté au secteur agricole, les indicateurs agro-environnementaux ou relatifs aux produits agricoles, ou encore peuvent être dérivés des statistiques économiques et environnementales de l'OCDE ou d'autres organismes. Cependant, ils ne rendent pas nécessairement compte de la dynamique de la croissance verte dans l'agriculture et ne la représentent pas à l'aide d'indicateurs quantifiables pouvant être interprétés sans ambigüité et communiqués facilement aux décideurs.

Compte tenu de la spécificité de nombreux problèmes environnementaux en fonction du contexte, de la diversité des formules de croissance verte retenues par les pays, de la multiplicité des facteurs qui conditionnent la performance environnementale de l'agriculture et de l'absence d'évaluation objective des externalités et des biens publics environnementaux, il est difficile d'estimer quantitativement les liens de cause à effet entre les politiques d'un pays et sa performance dans le domaine de la croissance verte. Si les comparaisons entre pays doivent être traitées avec la plus grande prudence, la comparaison des tendances au fil du temps peut apporter des informations utiles et donner un éclairage permettant de suivre les progrès réalisés en direction de la croissance verte.

Ces travaux sont une première étape sur la voie de la poursuite de la mise au point et de l'amélioration des indicateurs de la croissance verte en agriculture. Le Secrétariat de l'OCDE continue d'élaborer de nouveaux indicateurs de ce type pour en fournir une panoplie complète aux pouvoirs publics et il poursuit ses travaux visant à combler les lacunes au niveau de la méthodologie, des concepts et des données.

Ce rapport a été établi par la Direction des échanges et de l'agriculture (TAD) de l'OCDE, avec les conseils d'experts d'autres directions, en particulier la Direction de l'environnement, la Direction des statistiques, le Département des affaires économiques et le Centre de politique et d'administration fiscales. Il a été déclassifié par le Groupe de travail mixte sur l'agriculture et l'environnement de l'OCDE en avril 2014.

Dimitris Diakosavvas est l'auteur de ce rapport qui a été déclassifié par le Groupe de travail mixte sur l'agriculture et l'environnement sous le titre Vers la croissance verte en agriculture : suivre les progrès – Premiers résultats. Il a été préparé en vue de sa publication par Françoise Bénicourt et Michèle Patterson. Theresa Poincet, Noura Takrouri-Jolly et Véronique de Saint-Martin ont également apporté une aide précieuse.

Table des matières

Tableaux

Graphiques

Abréviations

AEE	Agence européenne pour l'environnement
AIE	Agence internationale de l'énergie
CBD	Convention sur la diversité biologique
CBPRD	Crédits budgétaires publics de R-D
CCNUCC	Convention-cadre des Nations Unies sur les changements climatiques
CH_4	Méthane
CIM	Consommation intérieure de matière
CITI	Classification internationale type par industrie
CO_2	Dioxyde de carbone
CVM	Chaîne de valeur mondiale
ESC	Estimation du soutien aux consommateurs
ESP	Estimation du soutien aux producteurs
EUR	Euro
FAO	Organisation des Nations Unies pour l'alimentation et l'agriculture
FMI	Fonds monétaire international
GES	Gaz à effet de serre
GIEC	Groupe d'experts intergouvernemental sur l'évolution du climat
GJ	Gigajoule
ha	hectare
N	Azote
N_2O	Hémioxyde d'azote
P	Phosphore
PCT	Traité de coopération en matière de brevets
PIB	Produit intérieur brut
PNUE	Programme des Nations Unies pour l'environnement
PTF	Productivité totale des facteurs
SCEE	Système de comptabilité environnementale et économique
UICN	Union internationale pour la conservation de la nature
USD	Dollar des États-Unis
UTCATF	Utilisation des terres, changement d'affectation des terres et foresterie
WAVES	Comptabilisation de la richesse naturelle et valorisation des services écosystémiques (*Wealth accounting and the valuation of ecosystemervices*)

Principales sources de données en ligne

EUROSTAT

Structure des exploitations agricoles, http://epp.eurostat.ec.europa.eu/portal/page/portal/statistics/search_database

FAO

FAOSTAT, http://faostat3.fao.org/faostat-gateway/go/to/home/F

OCDE

Estimations du soutien aux producteurs et aux consommateurs, *Statistiques agricoles de l'OCDE,* http://www.oecd.org/fr/tad/politiques-agricoles/estimationsdusoutienauxproducteursetconsommateursbasededonnees.htm

Indicateurs agro-environnementaux, *Statistiques agricoles de l'OCDE*, http://dx.doi.org/10.1787/agr-aei-data-fr.

Statistiques de la recherche et développement, *Statistiques de la science, de la technologie et de la R-D de l'OCDE*, http://dx.doi.org/10.1787/1996305x

Statistiques de l'OCDE sur les brevets, http://dx.doi.org/10.1787/patent-data-fr

Statistiques de l'OCDE sur la productivité, http://dx.doi.org/10.1787/pdtvy-data-fr

Indicateurs de la chaîne de valeur mondiale de l'OCDE, http://stats.oecd.org/Index.aspx?DataSetCode=GVC_INDICATORS

Sélection d'indicateurs de croissance verte, http://stats.oecd.org/Index.aspx?DataSetCode=GREEN_GROWTH

OCDE/AEE

http://www2.oecd.org/ecoinst/queries/

Agence internationale de l'énergie (AIE)

Energy Statistics *of OECD Countries 2012*, Éditions de l'OCDE, Paris, (disponible uniquement en anglais) http://dx.doi.org/10.1787/energy_stats_oecd-2012-en

Association internationale de l'industrie des engrais (IFA) (*International Fertilizer Industry Association*)

Statistiques sur les engrais, http://www.fertilizer.org/Statistics

Fonds monétaire international (FMI)

Prix des produits de base, http://www.imf.org/external/np/res/commod/index.aspx

Convention-cadre des Nations Unies sur les changements climatiques (CCNUCC)

Données de l'inventaire des GES, http://unfccc.int/ghg_data/items/3800.php

Banque mondiale

Indicateurs du développement dans le monde, http://data.worldbank.org/data-catalog/world-development-indicators

Résumé

Une stratégie pour une croissance verte doit nécessairement être accompagnée d'une panoplie très fiable d'outils de mesure et d'indicateurs permettant d'évaluer l'efficacité de l'action publique et de déterminer dans quelle mesure l'activité économique devient plus verte. Ces outils et indicateurs doivent s'appuyer sur des données comparables à l'échelle internationale et s'inscrire dans un cadre théorique. Il est également nécessaire de sélectionner les indicateurs suivant un ensemble de critères clairement définis.

Ce rapport est un premier pas vers l'élaboration du *Cadre de mesure de la croissance verte de l'OCDE* qui suivra les progrès accomplis par les pays de l'OCDE en matière de croissance verte dans le secteur agricole. Il a pour objectif de définir des statistiques utiles, succinctes et mesurables qui serviront de base à l'élaboration d'indicateurs de la croissance verte dans ce secteur. Il examine ce qu'il faut faire et comment s'appuyer sur les données disponibles relatives aux indicateurs de performance économique, de l'action gouvernementale et aux indicateurs agro-environnementaux.

Des indicateurs ont été présélectionnés à partir des travaux existants de l'OCDE et d'autres organisations internationales, et ils ont été structurés suivant le *Cadre de mesure de la croissance verte de l'OCDE*. Le choix des différents indicateurs a été guidé par la volonté de rendre compte des aspects essentiels de la sobriété en carbone et de l'efficacité de l'utilisation des ressources dans le secteur agricole. Il a notamment obéi aux principes suivants, en vertu desquels les indicateurs doivent :

- assurer une couverture équilibrée des deux dimensions de la croissance verte – « croissance » et « verte » – et de leurs principaux volets, une attention particulière étant accordée aux indicateurs illustrant l'interface entre les deux ;
- être mesurables et comparables entre pays ;
- refléter les questions clé qui présentent un intérêt pour la croissance verte dans les différents pays de l'OCDE ;
- être faciles à communiquer ;
- être conformes au cadre de mesure de la croissance verte de l'OCDE.

Ces critères ne sont pas nouveaux. Ils constituent des variations d'aspects plus précis des principes directeurs fondamentaux de l'OCDE sur les indicateurs relatifs à la pertinence pour l'action publique, la justesse d'analyse et la mesurabilité.

Outre les principes directeurs mentionnés ci-dessus, deux autres critères ont été utilisés dans cette étude :

- pouvoir adapter les indicateurs pour les relier aux approches et stratégies nationales de croissance verte utilisées par les pays de l'OCDE ;
- construire les indicateurs à partir de sources de données existantes.

Une première sélection d'environ 25 indicateurs a été opérée pour évaluer les progrès de la croissance verte dans le secteur agricole. Ils proviennent de bases de données existantes de l'OCDE (bases de données des estimations du soutien aux producteurs et aux consommateurs, des indicateurs agro-environnementaux, des statistiques de la productivité et des statistiques des brevets), de la FAO, de la Banque mondiale (Indicateurs du développement dans le monde) et d'EUROSTAT.

Beaucoup d'autres indicateurs peuvent être construits à partir de ces bases de données, mais l'accent est mis ici sur les principaux aspects de la croissance verte en agriculture pour lesquels il est possible d'établir des indicateurs adaptés avec régularité. La liste est suffisamment souple pour que les pays puissent l'adapter aux circonstances nationales.

Domaines dans lesquels des progrès doivent être réalisés en priorité

La liste des indicateurs proposés sera étoffée à mesure que de nouvelles données seront disponibles et que les concepts existants seront précisés. En particulier, ce projet tirera beaucoup de bénéfices des travaux que l'OCDE consacre actuellement à la mesure de la croissance verte, de l'achèvement et de la mise en œuvre du *Système de comptabilité environnementale et économique* (SCEE) des Nations Unies et du partenariat de la Banque mondiale sur la comptabilisation de la richesse naturelle et la valorisation des services écosystémiques (*Wealth Accounting and Valuation of Ecosystem Services* – WAVES).

Certains des domaines dans lesquels il faudrait procéder à des travaux complémentaires pour remédier à des lacunes importantes dans les données et la méthode sont prioritaires, notamment :

- inclure les actifs naturels dans le cadre comptable de la croissance, et obtenir ainsi de nouvelles évaluations de la croissance de la productivité totale des facteurs ;
- développer des indicateurs sur les instruments réglementaires, qui sont plus compliqués que les indicateurs des instruments économiques (transferts publics et taxes, par exemple). Il convient de bien prendre en considération la façon de compléter les indicateurs des mesures prises par les pouvoirs publics avec des indicateurs des réglementations environnementales, lesquelles sont très importantes pour le secteur agricole dans la plupart des pays membres de l'OCDE ;
- améliorer les données sur les prix de l'eau et la récupération des coûts de l'eau ;
- continuer d'améliorer les données sur la R-D et l'innovation vertes dans l'agriculture.

Chapitre 1

Considérations théoriques pour une croissance agricole verte

Le cadre théorique défini par l'OCDE pour suivre les progrès de la croissance verte met l'accent sur la performance environnementale de la production et de la consommation, et sur les principaux moteurs de la croissance verte, comme les instruments de l'action publique et l'innovation. Ce chapitre décrit brièvement le cadre théorique défini par l'OCDE et les principes généraux appliqués à la sélection des indicateurs utiles pour suivre les progrès de la croissance verte dans l'agriculture. Il fournit également un tableau récapitulatif des indicateurs proposés.

La croissance verte est définie comme un moyen de favoriser la croissance économique et le développement tout en assurant la pérennité du stock d'actifs naturels qui fournit les ressources et les services écologiques dont dépend notre bien-être (OCDE, 2011a). En réponse au ralentissement de l'économie mondiale et aussi pour tenir compte des limites biophysiques qui font obstacle à la croissance, la feuille de route pour la croissance verte remet l'accent sur les déterminants fondamentaux de la croissance, notamment l'utilisation des facteurs de production, l'innovation environnementale et l'élimination des distorsions de l'action publique. Une stratégie de croissance verte, axée sur une gestion plus efficace des ressources et davantage d'investissements dans le capital naturel afin de stimuler la croissance économique, peut avoir un effet de « double dividende » se traduisant par une croissance plus vigoureuse et une atténuation des retombées négatives sur l'environnement (OCDE, 2011a).

Les politiques visant à favoriser une croissance verte doivent être assorties d'instruments de mesure adaptés pour suivre la progression et vérifier si l'action publique améliore la performance écologique de l'activité économique. Les indicateurs de croissance verte peuvent aider à mettre en évidence des possibilités d'action à même d'améliorer la croissance et les résultats environnementaux ou à caractériser des mesures susceptibles de répondre à d'éventuels arbitrages entre objectifs écologiques et objectifs de croissance.

La notification et la mesure des progrès de la croissance verte sont importantes pour les travaux sur l'action publique entrepris par l'OCDE et d'autres organisations internationales. L'OCDE a conçu, entre autres, un cadre théorique de mesure et une panoplie d'indicateurs destinés à aider les pouvoirs publics à suivre les progrès accomplis sur la voie de la croissance verte (OCDE, 2011b) ; le PNUE a défini des indicateurs sur l'élaboration d'une politique économique verte (PNUE, 2012a, 2012b et 2012c) ; la Banque mondiale a établi un cadre pour mesurer les avantages potentiels des politiques de croissance verte (Banque mondiale, 2012) ; et la Commission européenne a publié une *Feuille de route pour une Europe efficace dans l'utilisation des ressources* (Commission européenne, 2011).

Dans les pays de l'OCDE, les indicateurs de la croissance verte servent à incorporer la croissance verte dans les conseils adressés aux décideurs. Ils occupent une place de premier plan dans deux domaines : les *examens environnementaux* et les *études économiques par pays* publiés par l'OCDE. Plusieurs pays membres, dont l'Allemagne, la Corée, le Mexique, les Pays-Bas, la République slovaque et la République tchèque, appliquent déjà le cadre de mesure de la croissance verte de l'OCDE à leur économie nationale et ont établi des rapports sur les indicateurs, calculés avec leurs données nationales. Certains de ces rapports par pays comprennent également des indicateurs relatifs à l'agriculture (**tableau 1.1**). Des travaux équivalents sont en cours dans des pays non membres comme la Colombie, le Costa Rica, l'Équateur, le Guatemala, le Kirghizistan, le Paraguay et le Pérou.

Le rapport de l'OCDE intitulé *Vers une croissance verte : suivre les progrès – Indicateurs de l'OCDE*, est régulièrement mis à jour au fur et à mesure que de nouvelles données deviennent disponibles (OCDE, 2011b, 2014a). Une base de données sur la croissance verte a été créée : elle contient certains indicateurs devant permettre de suivre les progrès obtenus, pour appuyer l'élaboration de l'action publique et informer le grand public. Cet ensemble de données porte sur les pays de l'OCDE, les BRIICS (Brésil, Fédération de Russie, Inde, Indonésie, Chine et Afrique du Sud), l'Argentine et l'Arabie saoudite, et sur une période allant de 1990 aux dernières années sur lesquelles on dispose de données.

Le principal objet du présent rapport est donc le déploiement de ce cadre dans le secteur agricole et son application à certains pays membres de l'OCDE[1]. En particulier, il cerne les besoins, puis détermine comment établir un ensemble d'indicateurs de la croissance verte pour l'agriculture, à partir de ceux dont nous disposons dans les domaines de la performance économique, de l'action publique et de la performance agro-environnementale.

Tableau 1.1. Indicateurs relatifs à l'agriculture utilisés par la République tchèque, la Corée, les Pays-Bas et la République slovaque

	Productivité de l'environnement et des ressources naturelles	Stocks d'actifs naturels
République tchèque	Bilans nutritifs : • azote • phosphore	Changement de couverture des sols : • terres agricoles, pâturages et prairies • zones urbaines • habitats semi-naturels Oiseaux des terres agricoles
Corée	Consommation d'engrais chimiques	Précipitations annuelles par habitant
Pays-Bas	Efficacité énergétique : • agriculture • industries manufacturières • transports • autres services Part des énergies renouvelables dans l'ensemble : • biomasse • éolien • autres Bilans nutritifs : • azote • phosphore	Conversion des terres agricoles en terrains bâtis : • agriculture • nature • forêt • terrains bâtis
République slovaque	Bilans nutritifs	Utilisation des sols Superficie agricole touchée par l'érosion hydrique et éolienne, par catégorie d'érosion

OCDE (2013), *Moyens d'action au service de la croissance verte en agriculture*, Études de l'OCDE sur la croissance verte, Éditions OCDE, Paris. doi : http://dx.doi.org/10.1787/9789264204140-fr.

Cadre de mesure de la croissance verte de l'OCDE

La pierre angulaire de l'approche de l'OCDE en ce qui concerne le suivi des progrès de la croissance verte est un cadre théorique qui reflète le caractère intégré de cette croissance et décrit les principaux points qui doivent faire l'objet du suivi. L'approche en question s'appuie sur un modèle théorique de la croissance économique dans lequel la production résulte de la transformation d'intrants en produits. Elle fait appel à des groupes d'indicateurs qui illustrent les principaux aspects de la croissance verte. Une attention particulière est accordée aux questions d'efficience et de productivité. L'accent est mis sur les performances environnementales de la production et de la consommation, ainsi que sur les moteurs de la croissance verte, tels que les instruments de l'action publique et l'activité d'innovation (**graphiques 1.1 et 1.2**).

Pour chaque groupe, une liste d'indicateurs a été proposée sur la base des travaux existants de l'OCDE et de son expérience (OCDE, 2011b ; 2014a). A ces quatre groupes s'ajoutent des indicateurs génériques qui décrivent le contexte socio-économique et les caractéristiques de la croissance.

Graphique 1.1. Cadre de mesure de la croissance verte de l'OCDE

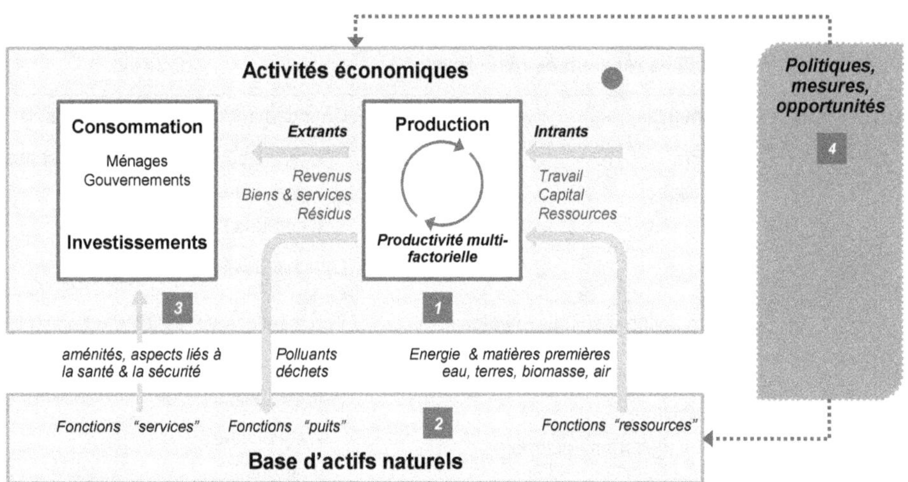

Source : OCDE (2011), *Vers une croissance verte*, Études de l'OCDE sur la croissance verte, Éditions OCDE, Paris. doi : http://dx.doi.org/10.1787/9789264111332-fr.

Graphique 1.2. Groupes d'indicateurs de croissance verte et thèmes

1. La productivité environnementale et des ressources de l'économie	- Productivité carbone et productivité énergétique - Productivité des ressources : matières, nutriments, eau - Productivité multi-factorielle
2. La base d'actifs naturels	- Stocks renouvelables : eau, forêts, poissons - Stocks non renouvelables : ressources minérales - Biodiversité et écosystèmes
3. La dimension environnementale de la qualité de la vie	- Santé et risques environnementaux - Services environnementaux et aménités
4. Les opportunités économiques et les réponses politiques	- Technologie et innovation - Biens et services environnementaux - Flux financiers internationaux - Prix et transferts - Compétences et formation - Réglementations et approches de gestion
Le contexte socio-économique et les caractéristiques de la croissance	- Croissance et structure économiques - Productivité et échanges - Marchés du travail, éducation et revenus - Caractéristiques sociodémographiques

Source : OCDE (2011), *Vers une croissance verte*, Études de l'OCDE sur la croissance verte, Éditions OCDE, Paris. doi : http://dx.doi.org/10.1787/9789264111332-fr.

Le cadre de mesure a été utilisé pour établir une liste de 25 indicateurs de croissance verte proposés pour les pays de l'OCDE (OCDE, 2011b), présentés initialement en 2011 dans un rapport remis aux ministres, en même temps que des données sur les pays de l'OCDE et des économies émergentes. Le rapport a été actualisé en 2014 (*Green Growth Indicators 2014*, OCDE, 2014a).

Choix d'indicateurs utiles à l'élaboration de l'action publique en agriculture

Bien que le concept de « croissance verte » soit relativement nouveau, les indicateurs qui s'y rapportent ne le sont pas. La plupart d'entre eux recoupent en effet les indicateurs qui existent déjà dans les domaines de l'environnement et du développement durable, ou peuvent être établis à partir de statistiques économiques, environnementales et sociales d'ores et déjà collectées et compilées par les organismes statistiques nationaux ou d'autres instances nationales ou internationales. Les activités statistiques visant à suivre les progrès d'un pays dans le domaine de la croissance verte peuvent donc être intégrées aux activités existantes concernant les priorités d'action sociales, environnementales et économiques (stratégies nationales de développement durable, comptabilité économique et environnementale intégrée et suivi de l'environnement, par exemple).

Le Secrétariat de l'OCDE a une expérience considérable du suivi et de l'évaluation des politiques agricoles et agro-environnementales et des méthodes employées. Plusieurs bases de données et indicateurs ont été établis, et ils peuvent être appliqués au suivi de la croissance verte dans l'agriculture. En outre, plusieurs initiatives ont été menées pour favoriser l'adoption d'indicateurs de durabilité (qui peuvent recouper les indicateurs de croissance verte) dans le cadre de l'action publique nationale et internationale et des données ont été recueillies et organisées dans des « comptes environnementaux », pour aider à tracer les effets potentiels des activités économiques et humaines sur l'environnement (SCEE, par exemple).

De surcroît, dans plusieurs pays de l'OCDE, les pouvoirs publics sont de plus en plus sensibles à l'importance de suivre et d'évaluer les politiques agricoles, et ils consacrent des efforts considérables au renforcement de leurs approches en la matière. Par exemple, l'évaluation des programmes de développement rural de l'UE, qui comprennent des programmes agro-environnementaux, est prévue par la réglementation européenne, et ce dans un cadre commun bien établi qui comporte des indicateurs quantitatifs. D'autres pays membres mettent en œuvre des approches moins formelles qui utilisent aussi des indicateurs quantitatifs (OCDE, 2009). En outre, plusieurs pays de l'OCDE mettent déjà en œuvre le cadre de mesure de la croissance verte de l'OCDE et certains prennent en considération des indicateurs concernant l'agriculture (Corée, Pays-Bas, République slovaque et République tchèque, entre autres) (OCDE, 2014b).

Nonobstant l'expérience acquise et l'abondance des données recueillies, il n'existe pas d'indicateurs concernant le secteur agricole qui permettraient de suivre les progrès accomplis en matière de croissance verte. La production d'un ensemble d'indicateurs destinés à suivre et évaluer ces progrès dans l'agriculture soulève des difficultés pour les raisons suivantes : i) les approches que les pays adoptent à l'égard de la croissance verte sont très variables ; ii) les performance environnementale de l'agriculture sont déterminées par de multiples facteurs et l'évaluation des répercussions environnementales de l'action publique pose des problèmes de méthodologie, de mesure et de disponibilité des données ; iii) un grand nombre des questions touchant à l'environnement se posent dans un contexte particulier et il n'existe pas d'indicateur global unique des performances environnementales ; iv) non seulement les liens entre les processus biophysiques, économiques et d'action publique sont complexes, mais il est difficile aussi de collecter des informations relatives à l'état de l'environnement et de les interpréter ; et v) on manque d'évaluations objectives des externalités et des biens publics environnementaux. Il est donc difficile d'établir une mesure quantitative des liens de causes à effets entre les politiques d'un pays et sa performance en matière de croissance verte, et les comparaisons entre pays doivent être traitées avec la plus grande prudence (OCDE, 2012).

Compte tenu de ce qui précède, il importe de définir des principes directeurs pour établir une panoplie d'indicateurs de la croissance verte en agriculture. Dans le meilleur des cas, les indicateurs doivent respecter les critères suivants :

Critère 1 : rendre compte de l'articulation entre environnement et économie

Dans la mesure où la croissance verte est en rapport avec l'interaction entre l'environnement et l'économie, il est essentiel que l'indicateur retenu pour mesurer la croissance verte contienne des informations sur la croissance économique du secteur et sur ses sources. Il est fondamental de rendre compte des deux dimensions de la croissance verte (« croissance » et « verte ») et des principaux facteurs qui les déterminent, et d'accorder une attention particulière aux indicateurs qui illustrent l'interface entre les deux. La capacité à montrer cette articulation est un critère important, sinon le plus important, dans le choix d'un indicateur de croissance verte.

Assurer la traçabilité de l'évolution du découplage de la croissance économique et des pressions environnementales est un axe important du suivi et il est indispensable de disposer d'indicateurs mesurant la relation entre croissance et répercussions sur l'environnement pour suivre la croissance verte. Néanmoins, les indicateurs de découplage ont beau montrer si la production devient plus verte ou non en termes relatifs, ils ne disent pas si les pressions exercées sur les services environnementaux décroissent en termes absolus. Les indicateurs de découplage absolu (l'indicateur économique s'accroît, tandis que l'indicateur environnemental demeure inchangé ou diminue, par exemple) contribuent à combler cette lacune, mais ils doivent être complétés par des informations sur le *niveau absolu* des services environnementaux, car il peut exister des seuils et les changements dans l'environnement ne sont pas forcément linéaires. Toutefois, en l'absence de telles informations, il est difficile de dire où se situe le niveau « optimal » du découplage dans un pays donné et si le niveau doit être relevé ou abaissé (OCDE, 2014a).

Critère 2 : être mesurables et comparables entre pays

Un indicateur sera valable pour l'OCDE s'il est mesurable et applicable à un nombre suffisant de pays sur des périodes significatives. Les définitions et les données doivent permettre de procéder à des comparaisons révélatrices à la fois entre périodes et entre pays ou régions. Les indicateurs doivent s'appuyer sur des données disponibles ou qui peuvent le devenir à un coût raisonnable, décrites de manière adéquate et de qualité connue.

Par ailleurs, les données doivent être récentes. L'une des principales difficultés tient au fait que les données et indicateurs agro-environnementaux sont rarement collectés et diffusés à la même fréquence et aussi vite que les données et indicateurs sur la performance économique et sur les transferts publics. Il importe qu'un indicateur soit mis à jour régulièrement (ou puisse l'être).

Cependant, il n'est pas indispensable qu'un indicateur soit mesurable immédiatement pour qu'il soit retenu, et une certaine souplesse est de mise. Par exemple, si un indicateur repose sur des fondements analytiques justes, est utile à l'action publique et peut devenir disponible à un coût acceptable, il doit être retenu.

Critère 3 : refléter les grands enjeux environnementaux mondiaux

Il faut que les indicateurs rendent compte de l'articulation entre les dimensions environnementale et économique de la production agricole, mais il faut aussi qu'ils portent sur les domaines où les problèmes environnementaux sont les plus grands. Le changement climatique, la diminution de la biodiversité et la gestion durable des ressources en eau sont en général considérés comme des enjeux de premier plan pour les pays de l'OCDE et les non-membres. S'agissant du changement climatique et de la consommation d'énergie, plusieurs pays ont fixé des objectifs chiffrés (réduction des émissions de gaz à effet de serre, amélioration de l'efficacité énergétique et augmentation du recours aux énergies renouvelables, par exemple) (OCDE, 2013). Néanmoins, la prise en compte des grands enjeux environnementaux mondiaux ne doit pas être le seul critère de sélection, surtout si l'indicateur n'illustre pas le lien avec la croissance économique.

Critère 4 : être faciles à communiquer à différents utilisateurs et à des publics variés

Un indicateur doit pouvoir être défini et interprété sans ambigüité. Les indicateurs doivent être transparents et faciles à interpréter et il doit être facile de dire si une variation de l'indicateur est bonne ou mauvaise du point de vue de la croissance verte. Il est essentiel de veiller à ce que l'indicateur s'appuie sur les connaissances scientifiques les plus fiables et sur des fondements analytiques justes pour garantir sa pertinence.

Critère 5 : être conformes au cadre de mesure de la croissance verte de l'OCDE

Bien entendu, le point de départ de la conception d'un cadre de suivi de la croissance verte spécifique à l'agriculture est le cadre applicable à l'économie dans son ensemble et la liste des indicateurs de croissance verte établie par le Secrétariat de l'OCDE. Comme nous l'avons indiqué plus haut, le cadre de mesure proposé par le Secrétariat rend compte avec efficacité des principales dimensions de la croissance verte. Les indicateurs choisis devraient donc concorder avec ce cadre général de l'OCDE et permettre de suivre la performance économique et environnementale du secteur agricole.

Outre les principes directeurs mentionnés ci-dessus, deux autres critères ont été utilisés ici :

- pouvoir adapter les indicateurs pour les relier aux approches et stratégies nationales de croissance verte examinées dans l'étude intitulée *Moyens d'action au service de la croissance verte en agriculture* (OCDE, 2013) ;
- dans la mesure du possible, construire les indicateurs à partir des travaux existants de l'OCDE ainsi que des données d'autres organisations internationales.

Indicateurs proposés et observations

Compte tenu de sa nature pluridimensionnelle, la croissance verte n'est pas représentée correctement par un seul indicateur. En ce qui concerne les pays membres de l'OCDE, il convient d'élaborer toute une gamme d'indicateurs relatifs à la performance économique et environnementale du secteur agricole et des indicateurs décrivant le cadre où s'inscrit l'action publique visant l'agriculture. Cependant, il reste difficile de rendre compte de la dynamique de la croissance verte dans l'agriculture et de la présenter à l'aide d'indicateurs chiffrables, qui puissent être interprétés sans ambigüité et transmis facilement aux responsables de l'action publique.

Pour suivre les progrès réalisés, une petite batterie d'indicateurs capables de mesurer les principaux éléments des aspects de la croissance verte liés au secteur agricole dans les pays de l'OCDE est proposée et appliquée à quelques pays de l'OCDE. Les indicateurs proposés ne sont pas définitifs et seront améliorés par l'OCDE à mesure que des données seront disponibles et que les concepts seront précisés.

Le **tableau 1.2** récapitule les indicateurs proposés. La liste complète est ventilée par groupes dans les différents chapitres. L'ensemble comprend à peu près 25 indicateurs, qui ne sont pas tous mesurables pour le moment. Au stade actuel, seuls trois remplissent tous les critères : les indicateurs relatifs à la productivité carbone, à la productivité énergétique et aux formes de soutien aux producteurs pouvant être les plus préjudiciables à l'environnement.

Tableau 1.2. Récapitulatif de la liste des indicateurs proposés

Thèmes	Critères			
	Établir le lien entre l'environnement et l'économie	Faciliter la communication pour les utilisateurs et publics divers	Rendre compte des questions environnementales mondiales primordiales	Être mesurable et comparable entre les pays
Efficacité environnementale				
Productivité carbone	***	***	***	***
Bilans des éléments nutritifs	***	***	***	*
Productivité des ressources				
Productivité énergétique	***	***	***	***
Énergies renouvelables	***	***	***	*
Productivité de l'eau	***	***	***	*
Productivité matérielle (biomasse)	Indicateurs à concevoir			
Productivité totale des facteurs corrigée des incidences environnementales	***	**	***	*
Stock d'actifs naturels				
Changements d'affectation des terres et de couverture des sols	***	***	***	**
Qualité environnementale de la vie	Pas d'indicateur proposé			
Opportunités économiques et mesures prises par les pouvoirs publics				
Formes de soutien aux producteurs susceptibles d'être les plus préjudiciables à l'environnement	***	***	***	***
Taxes liées à l'environnement	***	***	***	**
Prix de l'eau	***	***	**	*
Moyens donnés aux personnes pour innover en agriculture	***	***		**
Innovation liée à l'environnement en agriculture	***	**	***	*
Instruments réglementaires	Indicateurs à concevoir			

*** = élevé ; ** = moyen ; * = bas ; n.a. = non applicable.

Cette liste appelle d'importantes observations. Premièrement, elle comprend un nombre limité d'indicateurs. Il s'agit d'une première sélection, établie à partir des travaux réalisés par l'OCDE et de l'expérience des pays membres en matière de croissance verte en agriculture. Il existe des lacunes, aussi bien en termes de disponibilité et de qualité des données qu'au niveau conceptuel.

Deuxièmement, tous les indicateurs proposés ne sont pas pertinents dans la totalité des pays. Leur importance est variable selon le degré de développement global du pays et ses priorités/particularités. De même, les caractéristiques nationales comme la structure socio-économique, la géographie et le climat ont une incidence sur l'utilité, le choix et l'interprétation des différents indicateurs. Parmi ces derniers, tous n'intéressent pas la situation agricole de tous les pays, alors que dans certains cas d'autres sont très pertinents pour tous les pays (les indicateurs relatifs à la qualité de l'eau, par exemple). Il importe de souligner que les données relatives à tous les indicateurs proposés sont des moyennes nationales qui masquent souvent d'importantes variations à l'intérieur des pays.

Troisièmement, comme dans la plupart des domaines évalués, les indicateurs sont souvent des variables de substitution spécifiques à un contexte donné, et ils doivent être interprétés parallèlement à d'autres parmi ceux qui figurent dans la liste.

Quatrièmement, en ce qui concerne les instruments d'action, les indicateurs proposés renvoient uniquement aux instruments fondés sur le marché et ne prennent pas en considération les instruments réglementaires. La construction d'indicateurs de la réglementation est compliquée, du fait que les informations sont souvent de nature qualitative et qu'il est difficile de faire des comparaisons entre pays. Il conviendrait de mener une réflexion pour déterminer comment compléter les indicateurs relatifs aux instruments économiques au moyen d'indicateurs relatifs à la réglementation environnementale, afin d'équilibrer les comparaisons internationales des mesures prises par les pouvoirs publics.

Enfin, il existe des lacunes et certains des indicateurs choisis ne sont pas mesurables actuellement et méritent des travaux supplémentaires. Les domaines dans lesquels les lacunes sont jugées les plus grandes sont les suivants : l'innovation verte et l'investissement dans l'agriculture, le stock d'actifs naturels et la qualité environnementale de la vie.

L'amélioration du suivi des progrès de la croissance verte dans l'agriculture sera en grande partie fonction des travaux complémentaires en cours ou prévus sur le *Cadre de mesure de la croissance verte* de l'OCDE, de l'achèvement et de la mise en œuvre du SCEE, et d'autres projets comme celui de la Banque mondiale sur la Comptabilisation de la richesse naturelle et la valorisation des services écosystémiques (*Wealth Accounting and Valuation of Ecosystem Services* – WAVES).

L'OCDE, le PNUE, la Banque mondiale et le Global Green Growth Institute (GGGI) œuvrent ensemble, dans le cadre de la Plate-forme de connaissances sur la croissance verte (GGKP), pour aider les pays à faire des progrès dans les domaines de l'évaluation, de la conception et de la mise en œuvre de politiques de croissance verte. Lorsque c'est possible et utile, les indicateurs proposés par plusieurs organismes internationaux sont harmonisés. Un premier pas en direction d'une approche internationale concertée concernant les indicateurs de croissance verte a été franchi en avril 2013 avec la publication d'un document établi conjointement par les différentes organisations membres de la GGKP (GGKP, 2013, *Moving towards a Common Approach on Green Growth Indicators*). Cette approche commune s'appuie sur le *Cadre de mesure de la croissance verte* de l'OCDE.

Le SCEE est un volet déterminant des travaux sur la mesure de la croissance verte, car il définit un cadre statistique général et cohérent pour compiler et présenter des données économiques et environnementales (Nations Unies, 2014). Il offre un cadre de comptabilité qui permettra d'obtenir des données de base cohérentes sur des variables économiques et environnementales. En outre, il constitue un cadre intégré pour la compilation de statistiques sur les différents aspects de concepts plus vastes. Sa mise en œuvre est censée optimiser la comparabilité et la cohérence internationales, et il s'agira du principal système d'où seront tirés des indicateurs de croissance verte.

Note

1. S'agissant du secteur de l'énergie, une activité similaire a été menée conjointement par l'OCDE et l'Agence internationale de l'énergie, conduisant à proposer un ensemble d'indicateurs (OCDE, 2011c).

Bibliographie

Banque mondiale (2012), *Inclusive Growth: The Pathway to Sustainable Development*, Banque mondiale, Washington, DC.

Commission européenne (CE) (2011), *Economic Analysis of Resource Efficiency Policies: Final Report*, DG Environnement, Bruxelles.

Green Growth Knowledge Platform (Plate-forme de connaissances sur la croissance verte http://www.greengrowthknowledge.org/about-us) (GGKP, 2013), *Moving towards a Common Approach on Green Growth Indicators, Green Growth Knowledge Platform Scoping Paper*, avril, http://issuu.com/ggkp/docs/ggkp_moving_towards_a_common_approa

Nations Unies (NU) (2014), *System of Environmental Economic Accounting – Central Framework*, Commission européenne, FAO, FMI, OCDE, ONU, Banque mondiale, Nations Unies, New York. http://unstats.un.org/unsd/envaccounting/seeaRev/SEEA_CF_Final_en.pdf.

OCDE (2014a), *Green Growth Indicators 2014*, Études de l'OCDE sur la croissance verte, Éditions OCDE, Paris, doi : http://dx.doi.org/10.1787/9789264202030-en.

OCDE (2014b), *Compendium des indicateurs agro-environnementaux de l'OCDE*, Éditions OCDE, Paris, doi : http://dx.doi.org/10.1787/9789264181243-fr.

OCDE (2013), *Moyens d'action au service de la croissance verte en agriculture*, Études de l'OCDE sur la croissance verte, Éditions OCDE, Paris, doi : http://dx.doi.org/10.1787/9789264204140-fr.

OCDE (2012), *Evaluation of Agri-environmental Policies: Selected Methodological Issues and Case Studies*, Éditions OCDE, Paris, doi : http://dx.doi.org/10.1787/9789264179332-en.

OCDE (2011a), *Vers une croissance verte*, Études de l'OCDE sur la croissance verte, Éditions OCDE, Paris, doi : http://dx.doi.org/10.1787/9789264111332-fr.

OCDE (2011b), *Vers une croissance verte : Suivre les progrès – Les indicateurs de l'OCDE*, Études de l'OCDE sur la croissance verte, Éditions OCDE, Paris, doi : http://dx.doi.org/10.1787/9789264111370-fr.

OCDE (2011c), *Études de l'OCDE sur la croissance verte – Énergie*, Éditions OCDE, Paris, doi : http://dx.doi.org/10.1787/9789264168480-fr.

OCDE (2009), *Méthodes de suivi et d'évaluation des incidences des politiques agricoles sur le développement rural*, Éditions OCDE, Paris, doi : http://www.oecd.org/fr/tad/agriculture-durable/44111411.pdf.

Programme des Nations Unies pour l'environnement (PNUE) (2012a), *Measuring Progress Towards an Inclusive Green Economy*, PNUE, Nairobi.

PNUE (2012b), *Green Economy: Metrics and Indicators*, document d'information, PNUE DTIE, Genève.

PNUE (2012c), *Measuring Water Use in a Green Economy, A report of the Working Group on Water Efficiency to the International Resource Panel*, Genève.

Chapitre 2

Indicateurs contextuels de croissance agricole

L'interprétation et l'évaluation des indicateurs de croissance verte en agriculture doivent tenir compte de la situation socioéconomique des pays concernés. Ce chapitre apporte des informations sur le contexte économique où s'inscrit la croissance de l'agriculture et sur les principales caractéristiques de celle-ci, notamment sous l'angle de la productivité, des échanges et des prix des produits.

Les données statistiques concernant Israël sont fournies par et sous la responsabilité des autorités israéliennes compétentes. L'utilisation de ces données par l'OCDE est sans préjudice du statut des hauteurs du Golan, de Jérusalem-Est et des colonies de peuplement israéliennes en Cisjordanie aux termes du droit international.

Les indicateurs de croissance de l'agriculture fournissent des informations sur le contexte économique où s'inscrit la croissance de l'agriculture et sur les principales caractéristiques de celle-ci. Plusieurs indicateurs sont en l'occurrence utiles : le poids relatif du secteur dans le PIB, l'emploi et les échanges ; la structure socioéconomique du secteur (niveau d'instruction des agents, âge) ; les prix des produits de base ; la structure de la production (cultures, élevage, par exemple) ; et le type de productivité (de tous les facteurs ou d'une partie, rendements), etc.

Dans le cadre de la présente étude, les indicateurs présentés dans le **tableau 2.1** apportent des informations sur la performance économique du secteur agricole, en particulier en ce qui concerne sa croissance économique et sa productivité, les échanges et les prix des produits. Les indicateurs décrivant les caractéristiques socioéconomiques du secteur, comme le niveau d'instruction ou la structure par âge, sont classés dans la catégorie opportunités économiques et réponses des pouvoirs publics.

Tableau 2.1. Mesurer la performance économique de l'agriculture

Thème	Indicateurs
Croissance économique	Croissance de la production agricole totale (volume)
Productivité	Productivité totale des facteurs
Échanges	Poids relatif de l'agriculture dans les échanges
Prix des produits de base	Évolution des prix internationaux des produits de base en termes réels
	Indicateurs complémentaires
	Part de l'agriculture dans le PIB total
	Part de l'emploi agricole dans l'emploi total
	Croissance de la production végétale (volume)
	Croissance de la production animale (volume)
	Taux de croissance de la productivité du travail agricole
	Taux de croissance de la productivité du capital agricole
	Taux de croissance des rendements

Mesurabilité

Les données sur les indicateurs économiques proposés ici sont disponibles dans un grand nombre de pays et sur de longues périodes. Ainsi, la Banque mondiale et Eurostat publient des données sur le produit intérieur brut (PIB) agricole et sur l'emploi dans l'agriculture, et le FMI et la FAO diffusent des statistiques sur les prix internationaux des produits de base. Les chiffres de la FAO concernant la production agricole en volume se présentent sous la forme d'indices : ils indiquent le niveau de la production agricole totale chaque année, par rapport à celui de la période de référence 1999-2001.

Des données sur la productivité totale des facteurs (PTF) et les échanges sont publiées par l'OCDE. Les premières sont disponibles pour 20 pays à partir de 1990 et sont mises à jour régulièrement. Cependant, des travaux supplémentaires sont nécessaires pour améliorer la disponibilité et la comparabilité des statistiques sur la PTF par secteur. S'agissant de l'agriculture, les estimations de la PTF englobent également la chasse, la sylviculture et la pêche. De plus, faute de chiffres sur l'investissement par activité et par actif, principales données nécessaires à l'établissement de séries sur les services du capital pour représenter la contribution du capital dans la productivité à l'échelle de l'économie entière, les estimations de la PTF au niveau sectoriel sont calculées à l'aide des stocks nets de capital.

Si le PIB (total et sectoriel) d'un pays est l'indicateur de croissance économique le plus utilisé, il ne mesure, comme d'autres indicateurs économiques courants, que la valeur monétaire des biens et services produits dans un pays au cours d'une période de temps donnée. Il ne déprécie pas les actifs produits pour rendre compte de l'épuisement des actifs naturels et il n'évalue pas non plus le bien-être (voir, par exemple, Arrow et al., 2012 ; Nordhaus, 1974 ; Solow, 1974 ; et le rapport de la Commission sur la mesure de la performance économique et du progrès social (Stiglitz, Sen et Fitoussi, 2011).

Principales tendances

Poids relatif du secteur

Dans la plupart des pays de l'OCDE, la contribution économique directe du secteur agricole primaire à l'économie dans son ensemble, du point de vue du PIB et des créations d'emplois, est modeste (**graphique 2.1**). En moyenne, dans la zone de l'OCDE, l'agriculture représente à peu près 2.6 % du PIB et 5 % de l'emploi total. Pour sa part, le poids relatif de l'agriculture dans les échanges augmente (**graphique 2.2**). L'indicateur proposé ici vise à rendre compte de l'exposition du secteur agricole d'un pays à la concurrence internationale.

Par ailleurs, étant donné que le commerce mondial, l'investissement et la production sont de plus en plus structurés par des « chaînes de valeur mondiale » (CVM) dans lesquelles les différentes étapes du processus de production ne sont pas toutes localisées dans le même pays, il est également utile de mesurer l'importance de ces CVM dans l'agriculture (**encadré 2.1**). Cette démarche relie le secteur primaire agricole aux activités en aval (« agroalimentaires »), raison pour laquelle les indicateurs proposés portent à la fois sur l'agriculture et sur les secteurs des aliments et des boissons. Ces indicateurs sont les suivants : 1) l'indice de participation, qui met en évidence les importations contenues dans les exportations ; et 2) l'éloignement de la demande finale, qui indique la position du pays dans la chaîne de valeur mondiale agroalimentaire[1].

La Nouvelle-Zélande, l'Estonie et le Chili sont les trois économies dans lesquelles la chaîne de valeur mondiale représente le pourcentage des exportations agricoles le plus élevé. S'agissant de la chaîne de valeur des produits alimentaires, ce sont la Nouvelle-Zélande, les Pays-Bas et l'Irlande (**graphique 2.3**). En ce qui concerne la spécialisation, la Suède, la Finlande et l'Autriche ont les indices les plus élevés de positionnement en amont dans l'agriculture, et la Belgique, la Norvège, la Finlande, les Pays-Bas et le Royaume-Uni affichent les indices les plus élevés dans le secteur alimentaire.

Graphique 2.1. Contribution de l'agriculture à l'économie, 2010 ou année la plus récente

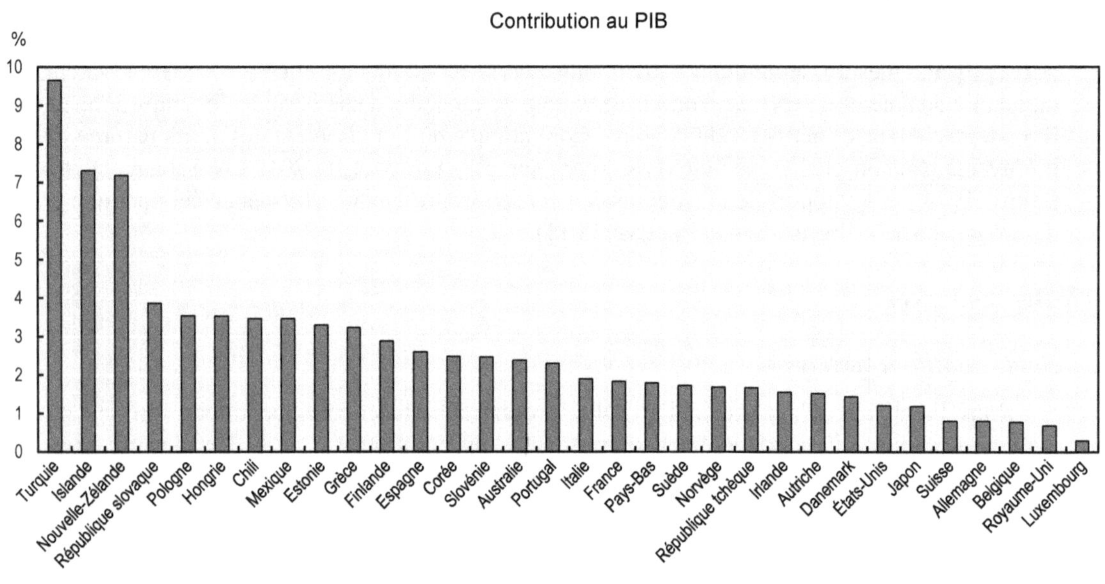

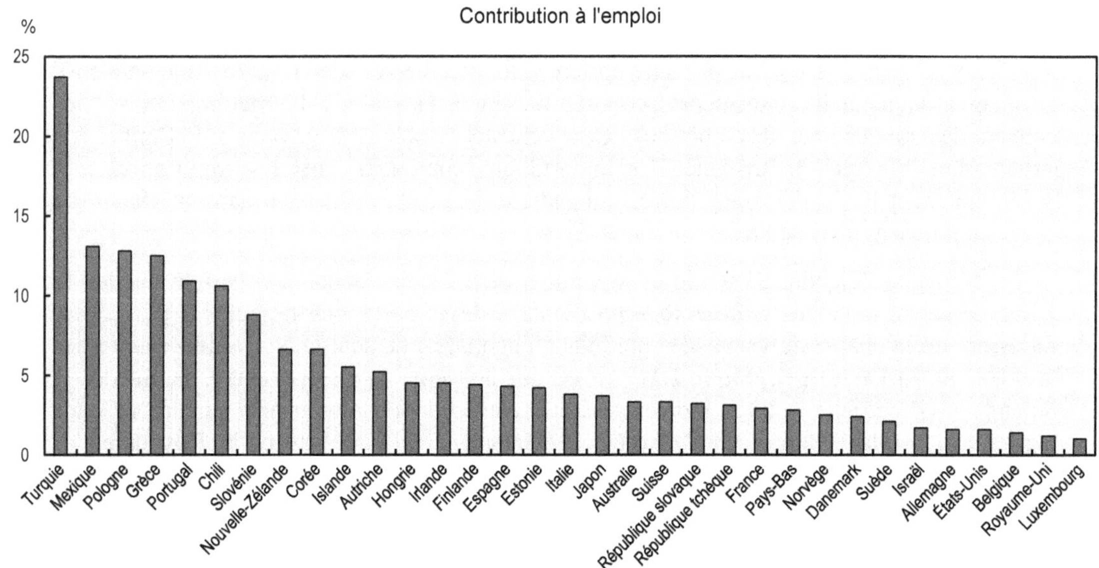

Note : Les données sur le PIB se réfèrent à l'année 2009 pour l'Islande. Les données sur l'emploi se réfèrent à l'année 2009 pour l'Australie, Israël et la Nouvelle-Zélande.

Source : Banque mondiale, *Indicateurs du développement dans le monde*, http://data.worldbank.org/data-catalog/world-development-indicators.

StatLink http://dx.doi.org/10.1787/888933161973

Graphique 2.2. Poids de l'agriculture dans les échanges des pays de l'OCDE, 2010

2004-06=100

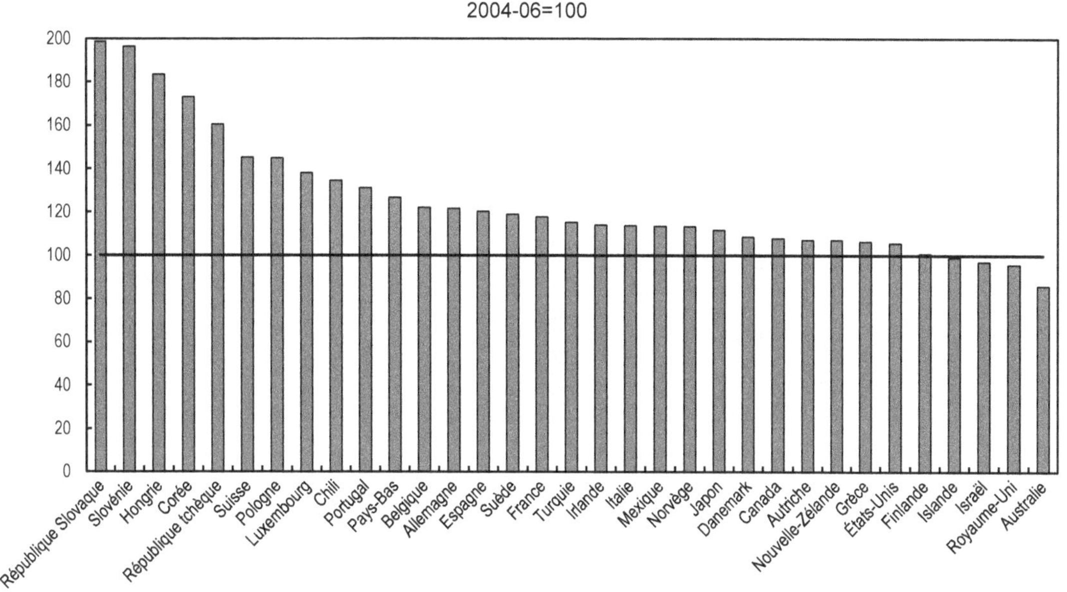

Note : le poids relatif de l'agriculture dans les échanges est mesuré à partir de la somme des importations et des exportations agricoles divisée par la production agricole en valeur (en USD).

Source : FAO, FAOSTAT (base de données), http://faostat.fao.org/.

StatLink http://dx.doi.org/10.1787/888933161984

Encadré 2.1. Mesurer les échanges en valeur ajoutée

Il apparaît de plus en plus clairement que, sous l'effet de la mondialisation de la production, les statistiques commerciales classiques peuvent donner une image trompeuse de l'importance des échanges dans la croissance économique et le revenu. En effet, les flux commerciaux sont mesurés en termes bruts et la valeur des produits qui franchissent les frontières à plusieurs reprises pour être transformés est comptabilisée plusieurs fois.

Le commerce mondial, l'investissement et la production sont de plus en plus organisés en fonction de chaînes de valeur mondiales (CVM) (OCDE, 2014a). Une chaîne de valeur se compose de tout l'éventail des activités menées par les entreprises pour mettre un produit ou un service sur le marché, depuis sa conception jusqu'à son utilisation par le consommateur final. Ces activités comprennent la conception, la production, le marketing, la logistique, la distribution et le service après-vente. Elles peuvent être réalisées par une seule et même entreprise ou partagées entre plusieurs. À force de s'étendre, les chaînes de valeur prennent de plus en plus une dimension mondiale.

Le progrès technique, les coûts, l'accès aux ressources et aux marchés, et la réforme des politiques commerciales facilitent la fragmentation géographique des processus de production à travers le monde, suivant les avantages comparatifs des régions. Actuellement, plus de la moitié des importations mondiales de produits manufacturés se composent de biens intermédiaires (biens non transformés, pièces et composants et produits semi finis) et plus de 70 % des importations mondiales de services sont constituées de services intermédiaires.

La formation de chaînes de valeur mondiales a des incidences importantes sur l'action publique, y compris dans le domaine des échanges, et sur l'évaluation des flux commerciaux. Elle remet en question la façon de recueillir les données sur les échanges et la production. En particulier, les statistiques commerciales sont collectées en termes bruts et elles enregistrent plusieurs fois la valeur des biens intermédiaires échangés le long de la chaîne de valeur. Par conséquent, le pays du producteur final semble accaparer la majeure partie de la valeur des biens et services échangés, et le rôle des pays qui fournissent des intrants en amont est sous-estimé.

L'initiative conjointe de l'OCDE et de l'OMC sur les échanges en valeur ajoutée (ÉVA) aborde ce problème en s'intéressant à la valeur ajoutée par chaque pays impliqué dans la production des biens et des services destinés à la consommation mondiale. Les indicateurs ÉVA sont conçus de manière à mieux renseigner les décideurs publics sur les relations commerciales entre pays.

Source: OCDE (2014), *Mesurer les Échanges en Valeur Ajoutée : Une initiative conjointe de l'OCDE et de l'OMC*, www.oecd.org/fr/sti/ind/mesurerlecommerceenvaleurajouteeuneinitiativeconjointedelocdeetdelomc.htm.

Graphique 2.3. Participation et position des produits agricoles et alimentaires dans les CVM, 2009

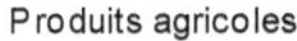

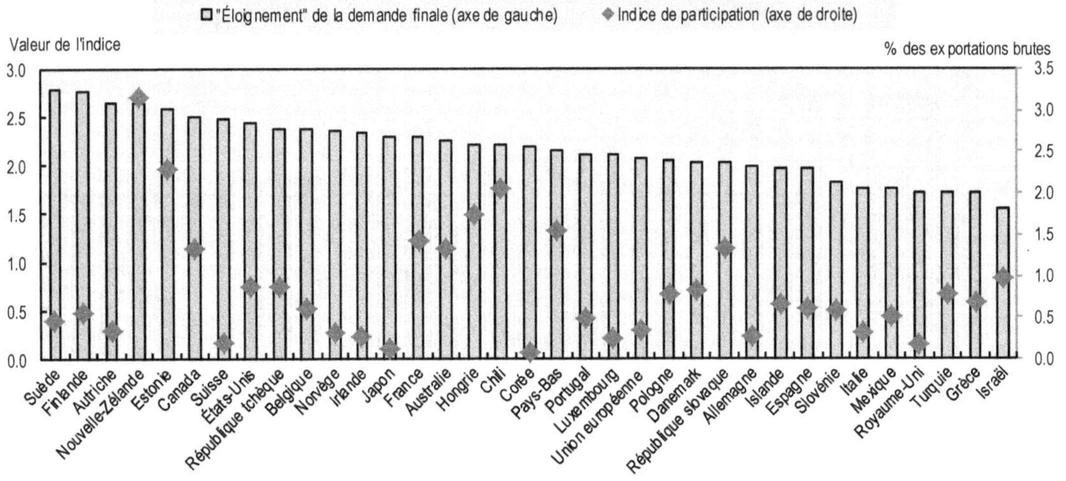

Produits alimentaires

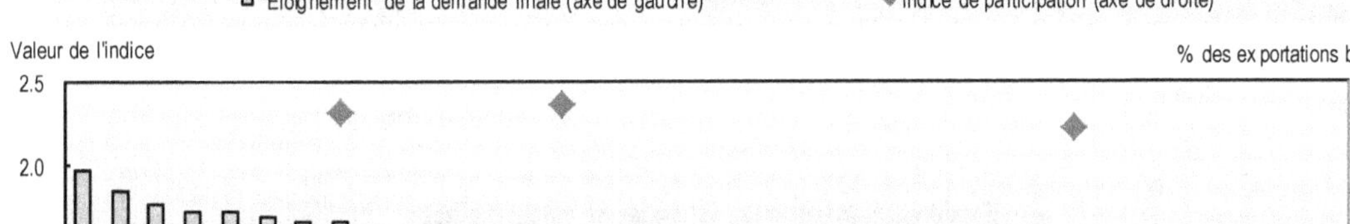

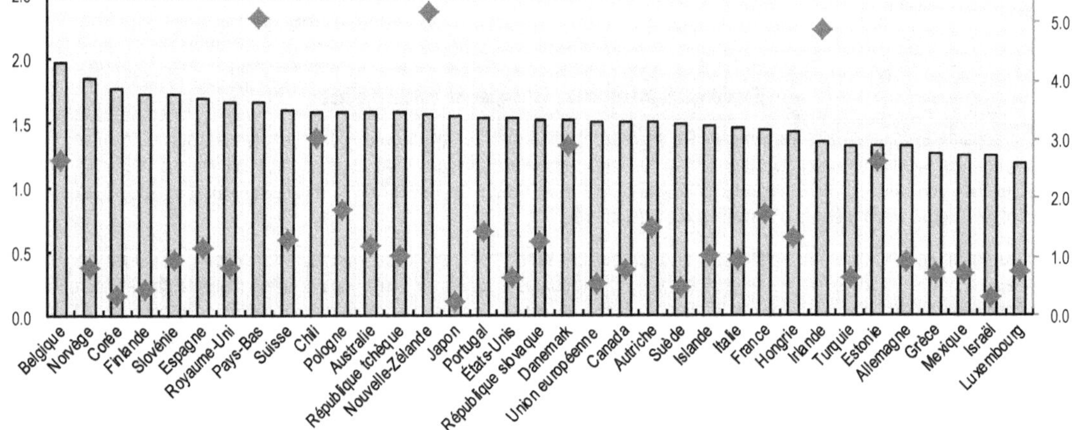

Source : OCDE/OMC (2013), OCDE-OMC : Statistiques sur les Échanges en Valeur Ajoutée (base de données). http://stats.oecd.org/index.aspx?queryid=47807.

StatLink http://dx.doi.org/10.1787/888933161999

Production agricole

La production agricole a augmenté dans la majorité des pays membres de l'OCDE au cours des vingt dernières années (**graphique 2.4**). La hausse a été supérieure à 2 % par an au Chili, en Israël et au Mexique. La production a diminué dans plusieurs pays membres de l'OCDE, mais très modestement (moins de 1 % par an, par exemple). Dans certains pays, l'augmentation de la production agricole totale a résulté d'une élévation de la production végétale et en même temps de la production animale (Australie, Canada, Chili, Espagne, États-Unis, Nouvelle-Zélande, par exemple). Dans d'autres, l'une des deux a baissé (Autriche, Belgique, Danemark, par exemple).

Graphique 2.4. Croissance annuelle moyenne de la production agricole en volume, 1990-2011 (%)

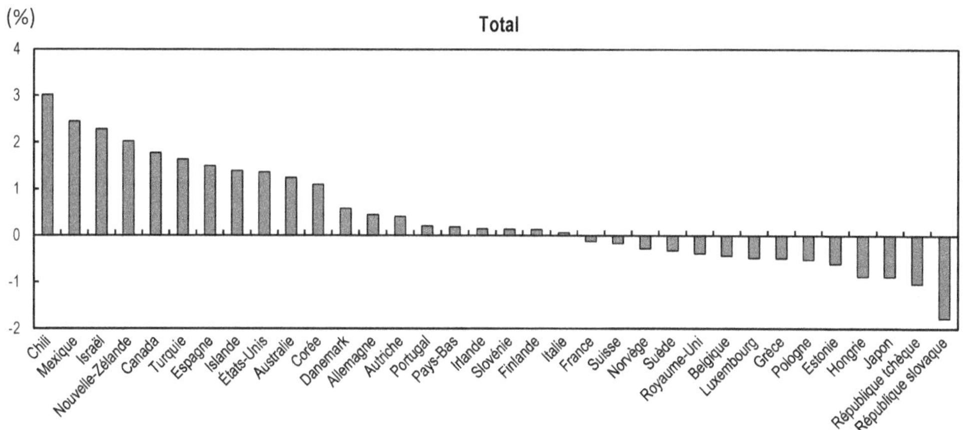

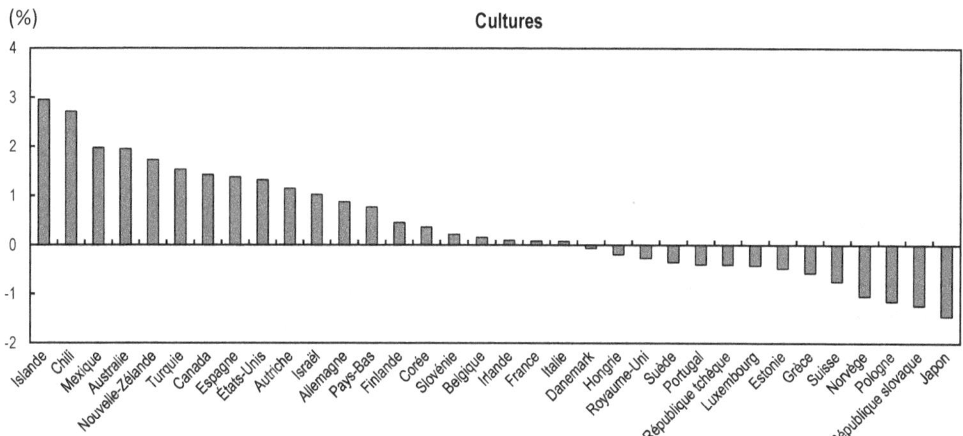

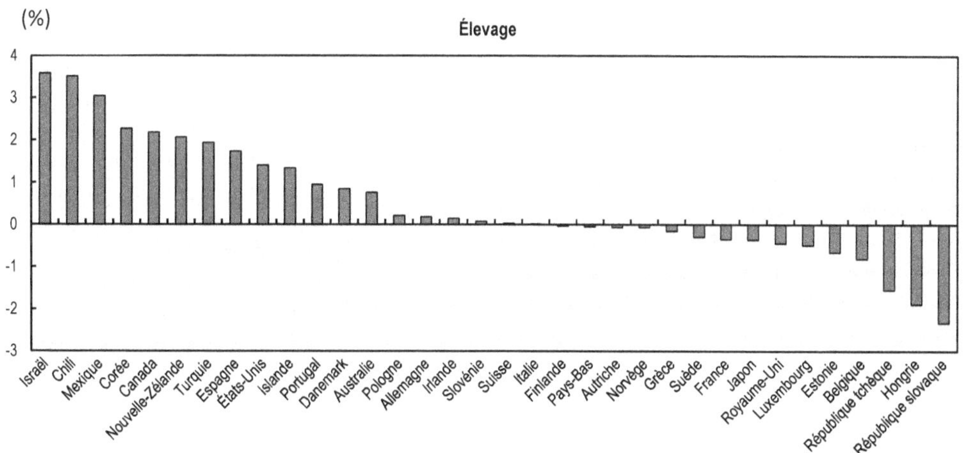

Note : le taux de croissance des moindres carrés, r, est estimé comme suit par régression linéaire du logarithme des valeurs annuelles de la variable considérée sur la période étudiée : Ln(xt) = a + r*t et calculé comme suit : [exp(r) – 1].

Source : calculs du Secrétariat de l'OCDE à partir de FAO, base de données *FAOSTAT*. http://faostat.fao.org/.

StatLink http://dx.doi.org/10.1787/888933162001

D'après les projections, la production agricole devrait s'accroître de 1.5 % par an au cours de la prochaine décennie, contre 2.1 % pendant la précédente (2003-12) (OCDE/FAO, 2013), avec des différences importantes entre pays et entre produits. Ce recul devrait être observé partout, dans les cultures comme dans l'élevage. La hausse des coûts, l'aggravation des contraintes sur les ressources et l'intensification des pressions exercées sur l'environnement sont les principaux facteurs qui expliquent ces tendances.

Productivité

La croissance du secteur agricole peut provenir de plusieurs sources : une modification des prix réels, c'est-à-dire corrigés de l'inflation (ou de l'effet des « termes de l'échange ») ; l'accroissement des superficies agricoles ; et l'augmentation des rendements. La hausse des prix réels ou l'amélioration des termes de l'échange fait monter la valeur d'une quantité donnée de produits, tandis que l'accroissement des superficies ou des rendements entraîne une augmentation des tonnages (croissance réelle de la production). L'amélioration des rendements peut découler d'une intensification de l'utilisation des technologies existantes (recours accru aux engrais ou au travail par hectare, par exemple) ou d'un emploi plus efficace de l'ensemble des intrants (augmentation des tonnages obtenus avec une quantité donnée d'intrants).

L'amélioration de l'efficacité avec laquelle l'ensemble des intrants est utilisé est appelée croissance de la productivité totale des facteurs (PTF) ou de la productivité multifactorielle. La PTF est souvent associée à une nouvelle technologie ou à de nouvelles pratiques agricoles (innovation). De même, la PTF augmente lorsque les ressources sont utilisées pour obtenir des produits à plus forte valeur ajoutée. Il est largement admis que l'accroissement de la productivité découlant de l'innovation et des changements technologiques est le principal moteur de la croissance économique du secteur agricole dans la zone de l'OCDE.

Dans la majeure partie des pays de l'OCDE sur lesquels les données sont disponibles, la PTF dans l'agriculture (y compris la sylviculture, la chasse et la pêche) a progressé moins vite dans les années 2000 que dans les années 1990 (**graphique 2.5**). Cinq pays font exception, Allemagne, Autriche, Espagne, Norvège et Pays-Bas.

Les mesures partielles de la productivité (ou mesures de la productivité unifactorielle), comme celle du travail, du capital et des terres (rendements) sont souvent utilisées, car les données nécessaires sont plus faciles à se procurer. Quoiqu'utiles, ces indicateurs peuvent être trompeurs, car ils ne rendent pas compte de la productivité dans son intégralité. Par exemple, comme ils ne jaugent la production à l'aune que d'un intrant, ils ne prennent pas en considération le fait que les nouvelles technologies ou l'amélioration de l'efficacité sont susceptibles d'accroître la productivité en permettant d'économiser des ressources ou en réaffectant celles-ci à des productions à plus forte valeur ajoutée. En outre, les mesures partielles ne font pas de distinction entre les effets d'une utilisation plus intensive des technologies existantes et les effets de l'adoption d'une technologie nouvelle.

C'est pourquoi les indicateurs partiels de la productivité sont répertoriés parmi les indicateurs complémentaires (**graphiques 2.6, 2.7 et 2.8**). Il ressort de ces données que, durant les deux dernières décennies, c'est en Slovénie, en Corée et en République slovaque que la productivité du travail agricole a le plus augmenté. Le Mexique, l'Allemagne et la Nouvelle-Zélande ont quant à eux connu la plus forte progression de la productivité de l'investissement (production agricole divisée par stock net de capital dans l'agriculture). Enfin, l'amélioration la plus franche des rendements a été observée en Estonie et au Portugal.

Graphique 2.5. Productivité totale des facteurs dans l'agriculture, taux de croissance annuels (%)

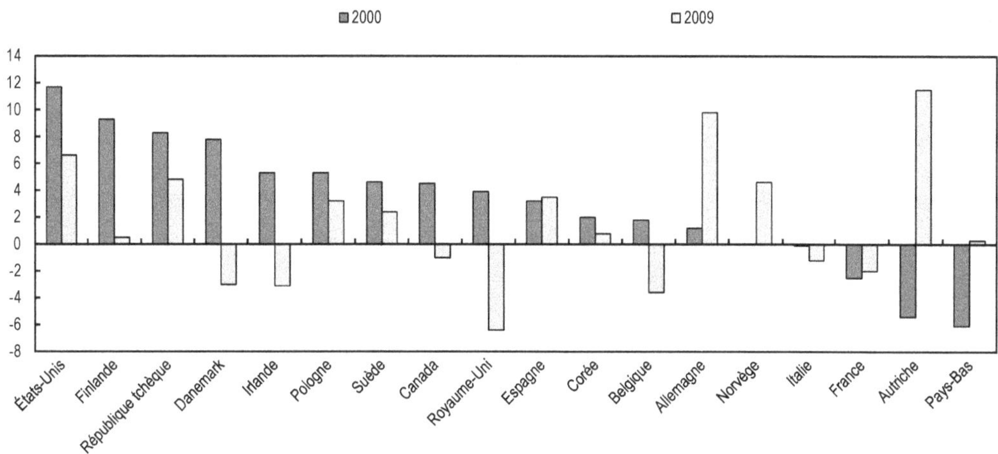

Note : y compris la sylviculture, la chasse et la pêche. Les données de 2009 se réfèrent à l'année 2008 pour l'Autriche, l'Irlande, la République tchèque et le Royaume-Uni ; à l'année 2007 pour le Canada, la France et la Norvège ; et à l'année 2006 pour la Corée et la Pologne.

Source : OCDE (2014), *Statistiques de l'OCDE sur la productivité* (base de données), http://dx.doi.org/10.1787/data-00686-fr.

StatLink http://dx.doi.org/10.1787/888933162012

Graphique 2.6. Taux de croissance du rendement des céréales, 1990-2011 (%)

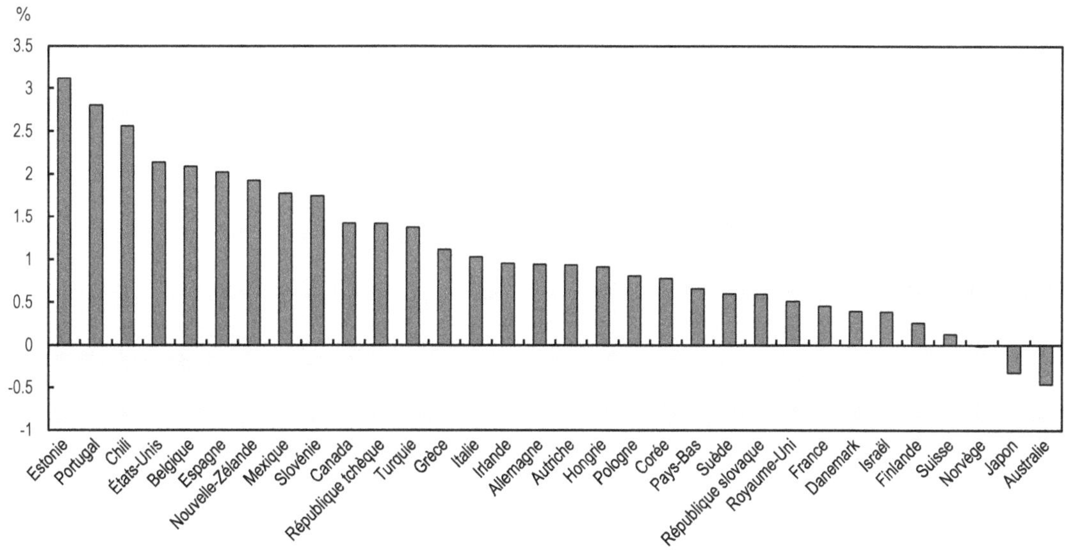

Source : FAO, base de données *FAOSTAT*. http://faostat.fao.org/.

StatLink http://dx.doi.org/10.1787/888933162024

Graphique 2.7. Taux de croissance de la productivité de la main-d'œuvre agricole, 1990-2010 (%)

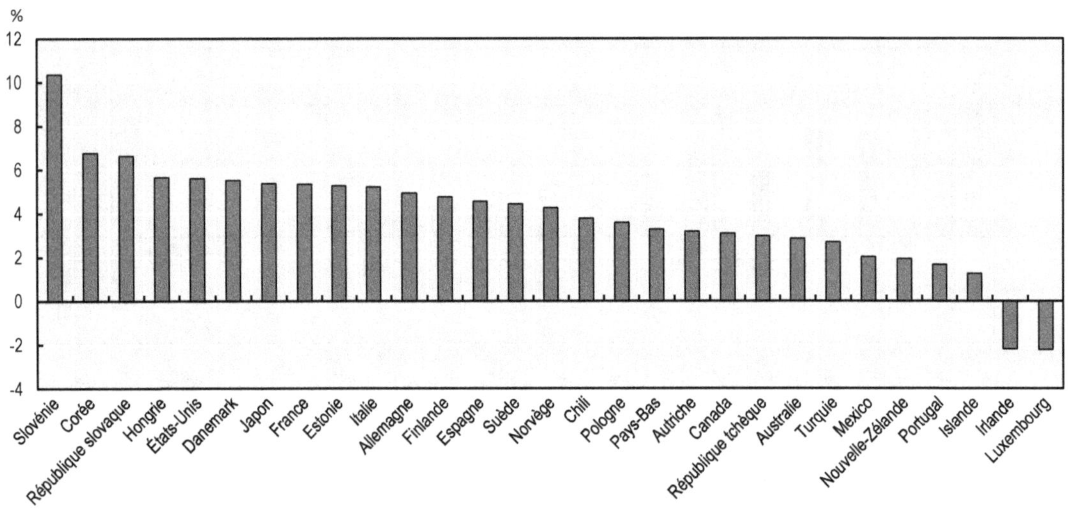

Note : on entend par productivité de la main-d'œuvre agricole la valeur ajoutée agricole par travailleur (USD constant de 2000).

Source : Banque mondiale, *Indicateurs du développement dans le monde* (base de données). http://data.worldbank.org/data-catalog/world-development-indicators.

StatLink http://dx.doi.org/10.1787/888933162036

Graphique 2.8. Croissance de la productivité de l'investissement dans l'agriculture, 1990-2007 (1990=100)

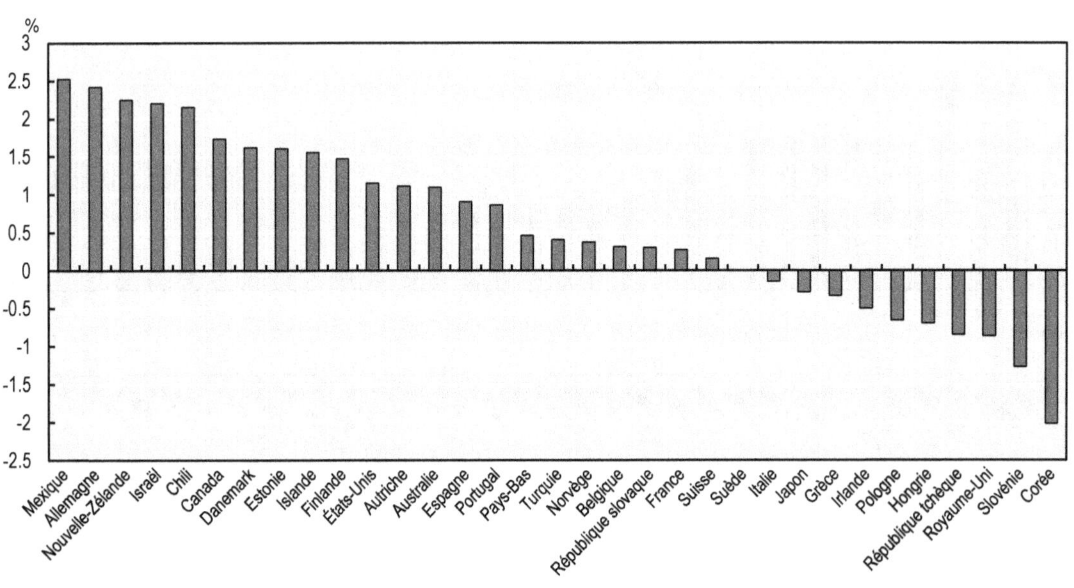

Note : on entend par productivité de l'investissement le résultat de la division de la production agricole à prix constants de 2004-06 (millions USD) par le stock net de capital dans l'agriculture à prix constants de 2005 (millions USD).

Source : FAO, base de données *FAOSTAT*, http://faostat.fao.org/.

StatLink http://dx.doi.org/10.1787/888933162047

Prix des produits

La tendance à long terme du prix des produits de base en termes réels donne des informations sur la rareté ou l'abondance des ressources naturelles et a une incidence sur le comportement économique. Les augmentations des prix des produits de base peuvent inciter les agriculteurs à doper leur production, ce qui risque d'accentuer les pressions exercées sur l'environnement, selon les pratiques, systèmes et technologies agricoles adoptés et suivant la sensibilité écologique de la zone où a lieu la hausse de la production. Cela dit, une volatilité excessive des prix est souvent source de signaux peu fiables, qui peuvent être plus ou moins propices à une croissance plus respectueuse de l'environnement.

Ces dernières années, les marchés internationaux des produits agricoles de base ont été marqués par une hausse des prix et une plus grande volatilité de ceux-ci. Les prix avaient atteint des sommets sans précédents au moment où la crise financière a commencé et ils ont ensuite chuté brutalement, lorsque l'économie mondiale s'est contractée. Entre 2009 et 2010, les prix des aliments ont globalement augmenté de 15 % et ceux des matières premières agricoles de 31 % (**graphique 2.9**).

D'après les *Perspectives agricoles de l'OCDE et de la FAO 2013-2022*, les prix nominaux et réels des produits agricoles de base seront probablement plus élevés et plus volatils en moyenne au cours de la décennie à venir que durant les années écoulées (OCDE/FAO, 2013). Cette hausse aurait pour origine un accroissement de la demande mondiale de produits alimentaires (due à l'augmentation de la population et des revenus, notamment dans les pays émergents, qui entraînerait à son tour une hausse de la demande de viande) et le développement des biocarburants.

Graphique 2.9. Évolution des prix des produits de base

2005=100

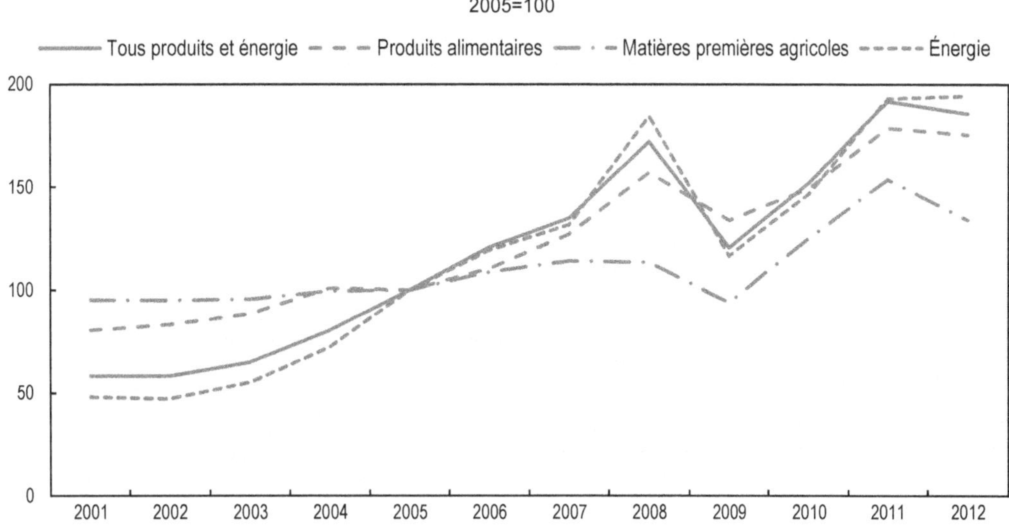

Source : Fonds monétaire international (2013), *IMF Primary Commodity Prices* (base de données), http://www.imf.org/external/np/res/commod/index.aspx.

StatLink http://dx.doi.org/10.1787/888933162057

Parallèlement, les coûts de production devraient atteindre des niveaux plus élevés que pendant la décennie passée, du fait de l'augmentation des coûts de l'énergie, des engrais et des aliments pour animaux, mais aussi de l'aggravation de la pression exercée sur les ressources naturelles, en particulier les sols et l'eau. Les projections annoncent une majoration du prix du pétrole brut au cours des dix ans qui viennent, laquelle pourrait se répercuter sur les prix des intrants agricoles (engrais, énergie nécessaire au pompage de l'eau, pesticides, par exemple). Globalement, les prix des intrants et des produits connaissant tous une hausse, les retombées sur l'environnement pourraient être ambigües suivant l'intensité des effets sur la production et la zone géographique.

Note

1. L'éloignement de la demande finale mesure le nombre d'étapes entre la production et la demande finale et indique une distance en amont dans la chaîne de valeur mondiale. Une grande distance révèle une spécialisation dans la production d'intrants proche des premiers maillons de la chaîne, qui comprennent des activités à forte valeur ajoutée comme la R-D. L'indice de participation est la somme de : 1) la proportion d'intrants étrangers dans les exportations totales et 2) la proportion d'exportations brutes utilisées comme intrants dans les exportations d'autres pays.

Bibliographie

Arrow, K.J., P. Dasgupta, L.H. Goulder, K..J. Mumford et K. Oleson (2012), « Sustainability and the measurement of wealth », *Environment and Development Economics*, vol. 17, n° 3.

Banque mondiale, *Indicateurs du développement dans le monde* (base de données), http://data.worldbank.org/data-catalog/world-development-indicators.

FAO, *FAOSTAT* (base de données), FAO, Rome, http://faostat.fao.org/.

Fonds monétaire international (2013), IMF Primary Commodity Prices (base de données), http://www.imf.org/external/np/res/commod/index.aspx.

Nordhaus, W. D. (1974), « Resources as a Constraint on Growth », *American Economic Review*, vol. 64, n° 2.

OCDE (2014a), *Économies interconnectées : Comment tirer parti des chaînes de valeur mondiales*, Éditions OCDE, Paris, doi : http://dx.doi.org/10.1787/9789264201842-fr.

OCDE (2014b), *Mesurer les échanges en valeur ajoutée : une initiative conjointe de l'OCDE et de l'OMC*, www.oecd.org/fr/sti/ind/mesurerlecommerceenvaleurajouteeuneinitiativeconjointedelocdeetdelomc.htm.

OCDE (2014c), "PIB par tête et niveaux de productivité", *Statistiques de l'OCDE sur la productivité* (base de données), doi : http://dx.doi.org/ 10.1787/data-00686-fr.

OCDE/FAO (2013), *Perspectives agricoles de l'OCDE et de la FAO 2013-22*, Éditions OCDE, Paris, doi : http://dx.doi.org/10.1787/agr_outlook-2013-fr.

Solow, R.M. (1974), « The Economics of Resources or the Resources of Economics », *American Economic Review, Papers and Proceedings*, vol. 64.

Stiglitz, J., A. Sen et J.P. Fitoussi (2011), *Rapport de la commission sur la mesure des performances économique et du progrès social,* www.stiglitz-sen-fitoussi.fr/fr/index.htm.

Chapitre 3

Efficacité environnementale et productivité des ressources naturelles de l'agriculture

Pour savoir si la croissance économique est en train de devenir verte, c'est à dire sobre en carbone et économe en ressources, il faut entre autres déterminer dans quelle mesure elle est découplée de la consommation d'intrants. C'est la fonction des indicateurs présentés dans ce chapitre, qui concernent : i) la productivité carbone et la productivité énergétique, qui caractérisent notamment les interactions avec le système climatique et le cycle du carbone au niveau mondial, d'une part, et l'efficacité environnementale et économique avec laquelle les ressources énergétiques sont utilisées dans la production agricole, d'autre part ; ii) la productivité des ressources, qui reflète l'efficacité environnementale et économique avec laquelle les ressources naturelles, telles que l'eau et les éléments nutritifs, sont utilisées dans la production ; et iii) la productivité totale des facteurs corrigée des incidences environnementales afin de dresser un tableau plus complet de la productivité d'une économie en tenant compte des ressources naturelles utilisées comme intrants et de la pollution engendrée.

Les données statistiques concernant Israël sont fournies par et sous la responsabilité des autorités israéliennes compétentes. L'utilisation de ces données par l'OCDE est sans préjudice du statut des hauteurs du Golan, de Jérusalem-Est et des colonies de peuplement israéliennes en Cisjordanie aux termes du droit international.

Les indicateurs qui suivent l'efficacité environnementale et la productivité des ressources naturelles de l'agriculture visent à déterminer dans quelle mesure la croissance économique est en train de devenir verte, c'est-à-dire sobre en carbone et économe en ressources. Pour assurer un suivi, il est important de mesurer l'évolution du découplage entre consommation d'intrants et croissance économique. C'est pourquoi il convient d'avoir recours à des indicateurs axés sur « la productivité » eu égard à l'environnement ou au contraire sur « l'intensité ». Ces indicateurs sont notamment les indicateurs qui suivent la productivité des ressources naturelles et des matières premières utilisées dans la production agricole (**encadré 3.1**).

Améliorer la productivité des ressources (c'est-à-dire réduire la quantité de ressources utilisées par unité de produit économique) revient à diminuer la quantité de ressources qui sera nécessaire à l'avenir par unité d'activité économique (par exemple de produit intérieur brut agricole). La surveillance de la productivité des ressources naturelles et de la productivité environnementale est d'autant plus importante dans l'agriculture que ce secteur recourt beaucoup à ces ressources, ce qui confère un caractère déterminant à la productivité des sols et des ressources en eau.

Encadré 3.1. Le concept de productivité des ressources

La productivité des ressources représente l'efficacité avec laquelle une économie ou un processus de production utilise des ressources naturelles. Idéalement, elle devrait englober toutes les ressources naturelles et intrants de l'écosystème utilisés comme facteurs de production dans l'économie. Cependant, ce terme est souvent employé comme synonyme de productivité matérielle. La mesure de la productivité et l'analyse des flux de ressources naturelles et de matières premières complètent les indicateurs habituels de productivité du capital, de la terre et du travail. Mis en parallèle, ces trois types d'indicateurs de productivité permettent une compréhension beaucoup plus fine de la productivité totale des facteurs. Même si nul ne conteste cette définition générale, l'examen de la littérature consacrée à la productivité et des différentes applications de cette notion montre que la mesure de la productivité ne sert pas un objectif unique et qu'elle ne se fait pas d'une manière unique. La productivité peut être définie suivant différents critères :

- L'efficacité économico-physique (c'est-à-dire la valeur de la production ou la valeur ajoutée par unité de ressources utilisées comme intrants).
- L'efficacité physique ou technique (c'est-à-dire la quantité de ressources utilisées comme intrants pour produire une unité de produit, toutes deux exprimées en termes physiques, par exemple une superficie employée pour produire des céréales). Il s'agit ici de maximiser la quantité produite avec une série donnée d'intrants et une technologie précise, ou de minimiser la quantité d'intrants utilisés pour obtenir une quantité donné de produit.
- L'efficacité économique (c'est-à-dire la valeur monétaire des produits par rapport à la valeur monétaire des intrants). L'intention est en l'occurrence de minimiser le coût des ressources utilisées comme intrants.

L'OCDE inscrit la « productivité des ressources » dans une perspective de bien-être. Elle est censée avoir à la fois une dimension quantitative (représentée, par exemple, par un volume produit avec une quantité donnée de ressources naturelles utilisées comme intrants) et une dimension qualitative (représentée, par exemple, par l'impact environnemental par unité de produit obtenu avec une quantité donnée de ressources naturelles utilisées comme intrants).

On considère souvent que l'amélioration de la productivité des ressources entraîne parallèlement une diminution des impacts environnementaux et contribue à prévenir le risque de raréfaction des ressources et de dégradation de l'environnement. Toutefois, à moins que ces avantages ne l'emportent sur la croissance économique, il n'est pas exclu que les impacts environnementaux négatifs continuent à augmenter. La protection et la gestion des ressources naturelles ne peuvent donc pas s'appuyer uniquement sur l'amélioration de la productivité des ressources : il est également nécessaire de supprimer le lien entre la croissance économique et les pressions sur l'environnement (**encadré 3.2**). Alors que les indicateurs de productivité et leur inverse – les tendances du découplage – montrent si la production devient *plus verte* en termes *relatifs*, ils n'indiquent pas si la pression environnementale diminue également en termes *absolus*. D'un point de vue environnemental, il convient donc également de surveiller la présence de découplage absolu.

Encadré 3.2. Concepts de découplage

La dissociation – ou « découplage », selon l'expression usuelle – des impacts environnementaux et de la croissance économique constitue un objectif central de la Stratégie pour une croissance verte de l'OCDE. Le concept de découplage des ressources a été officiellement approuvé par les ministres de l'Environnement de l'OCDE en 2001 et il est considéré comme l'un des principaux objectifs de la « Stratégie de l'environnement pour les dix premières années du XXIe siècle » (www.oecd.org/dataoecd/33/40/1863539.pdf). L'OCDE a reçu pour mandat d'entreprendre l'élaboration d'une batterie d'indicateurs pour mesurer les progrès accomplis selon les trois dimensions du développement durable. Parmi eux figurent des indicateurs destinés à mesurer le découplage de la croissance économique et de la dégradation environnementale, qui pourraient par ailleurs être utilisés conjointement à d'autres indicateurs dans le cadre des examens par les pairs menés sous la direction de l'OCDE dans les domaines économique, social et environnemental (OCDE, 2002).

On distingue deux sortes de découplage : le découplage absolu et le découplage relatif. Le découplage est dit relatif quand le paramètre environnemental pertinent (tel que les ressources utilisées, ou une mesure de l'impact sur l'environnement) enregistre un plus faible taux d'augmentation que la variable économique pertinente (le PIB par exemple) – autrement dit, si l'économie croît plus vite que l'utilisation de ressources, alors que celle-ci continue de progresser en volume absolu (l'élasticité est positive, mais inférieure à l'unité). Le découplage relatif paraît être assez répandu. Le découplage est dit absolu lorsque la variable économique s'accroît, alors que le paramètre environnemental demeure stable ou décroît.

Le concept de découplage ne prend toutefois pas automatiquement en considération les impacts sur l'environnement liés à la croissance économique. La relation entre l'utilisation des ressources, les pressions exercées sur l'environnement et les impacts supportés par celui-ci est complexe. Faire de l'utilisation des ressources une variable de substitution des impacts sur l'environnement risque d'induire en erreur : premièrement, l'intégralité du cycle de vie des ressources entraîne des impacts sur l'environnement, depuis leur extraction jusqu'à ce qu'elles parviennent au stade de déchets, en passant par leur utilisation pour la production de biens et services et par la phase ultérieure d'utilisation de ceux-ci ; deuxièmement, chacune des matières tirées des ressources naturelles peut suivre de nombreuses voies différentes au sein de l'économie, et celles-ci peuvent à leur tour évoluer au fil du temps (à la suite de mutations techniques ou sociales, par exemple) ; troisièmement, les différences dans les conditions régionales et les modes d'utilisation doivent également être prises en considération. En outre, l'ampleur des impacts sur l'environnement est variable selon les ressources utilisées.

Pour ces raisons, la littérature distingue deux dimensions du découplage applicable à la croissance verte : le découplage des ressources et le découplage des impacts (**graphique 3.1**). Le premier concerne le lien entre la croissance économique et l'utilisation des ressources, tandis que le second se rapporte au lien entre la croissance économique et les impacts environnementaux (accroître la production économique tout en réduisant les impacts environnementaux négatifs) (PNUE, 2011). Du point de vue de la méthodologie et de la collecte de données, le découplage des impacts est généralement très exigeant à un niveau agrégé (national ou sectoriel), eu égard à la nécessité de prendre en considération de nombreux impacts sur l'environnement, dont les évolutions peuvent être très différentes, et les procédures de pondération indispensables pour agréger les impacts peuvent être considérées comme subjectives En outre, une relation négative entre ces deux formes de découplage peut apparaître, car la réduction des impacts environnementaux n'a pas nécessairement pour effet l'atténuation de la rareté des ressources ou des coûts de production, et peut même les augmenter. Il existe de nombreuses études théoriques et empiriques qui visent à déterminer si une plus grande efficacité entraîne ou non des améliorations de l'environnement – ce que l'on appelle « l'effet rebond » ou le paradoxe de Jevons. En règle générale, l'ampleur de l'effet rebond est fonction du degré de substitution entre les facteurs de production (par exemple énergie, capital) (Sorrell, 2009 ; Sorrell, Dimitropoulos et Sommerville, 2009).

Graphique 3.1. Représentation stylisée du découplage des ressources et des impacts

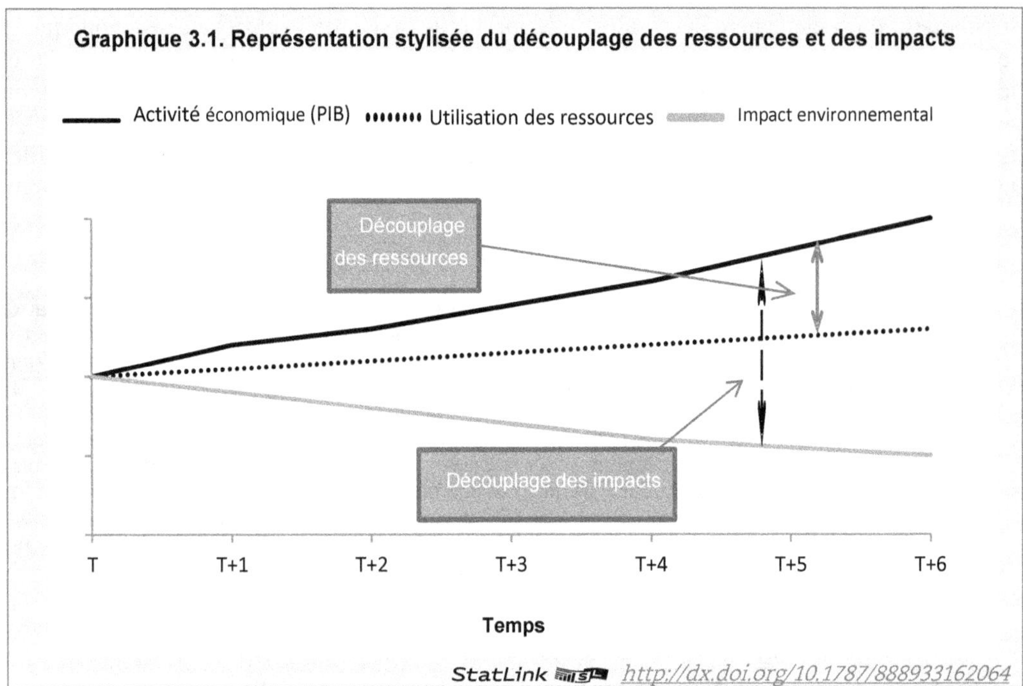

StatLink http://dx.doi.org/10.1787/888933162064

En outre, les indicateurs de productivité ou d'intensité doivent être placés en contexte, compte tenu du niveau de développement du pays concerné ou de ses ressources naturelles. Les différents indicateurs retenus dans ce groupe doivent permettre de suivre la productivité des ressources naturelles les plus importantes dans la production agricole nationale. C'est pourquoi ils varient selon les pays. Par exemple, les indicateurs liés à l'intensité de l'utilisation de l'eau dans l'agriculture peuvent être considérés comme non pertinents par les pays possédant d'abondantes ressources en eau.

Cependant, certains indicateurs seront communs à tous les pays, notamment ceux qui ont par nature une dimension planétaire, comme le changement climatique. La capacité de l'atmosphère à absorber les gaz à effet de serre (GES) constitue un actif mondial et l'efficacité environnementale des émissions de GES est pertinente quel que soit le pays ou la région considéré. De même, l'énergie est un intrant critique dans la production agricole et la productivité énergétique est importante dans le monde entier.

Une autre limite des indicateurs partiels réside dans le fait que l'augmentation de la productivité peut également être le résultat du remplacement de ressources naturelles par d'autres intrants (travail, capital, énergie), mais également d'une augmentation générale de l'efficacité du processus de production en raison d'avancées technologiques ou organisationnelles (soit une augmentation de la productivité multifactorielle). Il convient d'être prudent dans l'interprétation de mesures partielles de la productivité, même si les réserves concernant la productivité environnementale ne sont pas différentes de celles qui s'appliquent, par exemple, aux indicateurs partiels traditionnels de la productivité (comme la productivité du travail). Dans l'ensemble, les variations des indicateurs de productivité environnementale et des ressources naturelles doivent être interprétées avec prudence. Le **tableau 3.1** présente les indicateurs proposés dans ce domaine.

Tableau 3.1. Indicateurs d'efficacité environnementale et de productivité/intensité d'utilisation des ressources naturelles

Thème	Indicateurs	Critères			
		Rendre compte du lien entre l'environnement et l'économie	Êtres faciles à communiquer à différents utilisateurs et à des publics variés	Refléter les grands enjeux environnementaux mondiaux	Être mesurables et comparables entre pays
Productivité carbone	PIB agricole par unité d'émission de GES d'origine agricole	***	***	***	***
	Indicateurs complémentaires				
	Part de l'agriculture dans les émissions totales de GES	***	***	***	***
	Productivité des émissions de GES du secteur agricole par source (sols, ruminants, gestion des effluents d'élevage)	***	***	***	***
Productivité énergétique	PIB agricole par unité d'utilisation d'énergie	***	***	***	***
	Énergie renouvelable produite par l'agriculture	***	***	***	*
Intensité d'utilisation de l'eau	Apports d'eau d'irrigation par hectare irrigué	***	***	***	*
Flux et bilans d'éléments nutritifs	Intensité des apports en éléments nutritifs (N et P) par superficie de terre agricole	***	***	***	***
	Bilans des éléments nutritifs agricoles (N et P) par production et superficies agricoles	***	***	***	**
	Intensité des apports d'engrais commerciaux	***	***	**	***
Productivité matérielle (biomasse)		Indicateurs à développer			
Productivité multifactorielle	Productivité totale des facteurs corrigée des incidences environnementales	***	**	*	*

*** = élevé; ** = moyen; * = faible.

StatLink http://dx.doi.org/10.1787/888933163048

Productivité carbone

Contexte général

La production agricole ne se contente pas d'utiliser des ressources naturelles comme intrants, mais exerce également une pression sur l'environnement par l'émission de polluants, tels que les GES, contribuant ainsi au changement climatique. L'agriculture est fortement exposée au changement climatique, qui peut affecter les rendements, la localisation de la production et les coûts de celle-ci, avec par conséquent des risques potentiels en matière d'approvisionnement alimentaire, de prix des aliments et de revenus agricoles.

La relation entre l'agriculture et le changement climatique est complexe. Si l'agriculture contribue aux émissions de GES, certaines pratiques agricoles assurent également une fonction de séquestration du carbone. En outre, l'agriculture subit les conséquences du changement climatique. Les activités agricoles sont sources de GES, essentiellement de méthane (CH_4) et d'hémioxyde d'azote (N_2O), qui font partie des facteurs essentiels du changement climatique, cependant ce même changement climatique peut également avoir des effets sur la production agricole.

L'agriculture n'est pas spécifiquement visée par les engagements en faveur de la réduction des émissions de GES aux termes de la Convention-cadre des Nations Unies sur les changements climatiques (CCNUCC), mais de nombreux pays de l'OCDE agissent pour faire diminuer les émissions dans ce secteur, y développer les puits de carbone et renforcer sa résilience aux effets du changement climatique. La réduction du niveau global des émissions GES dans le secteur agricole et de leur niveau par unité de volume de production agricole représente un défi majeur.

Suivi des progrès

Les progrès en matière de croissance verte dans l'agriculture peuvent être évalués sur la base de l'évolution des émissions de GES dans ce secteur et du niveau de découplage entre les GES et la croissance économique du secteur agricole. L'indicateur proposé concerne la productivité du carbone de l'agriculture, définie comme la quantité de produit intérieur brut agricole obtenue par unité d'équivalent carbone émise par l'agriculture[1]. L'augmentation de la productivité du carbone est un facteur primordial pour faire face au double défi d'atténuation du changement climatique et de gestion de la croissance économique.

Des indicateurs complémentaires peuvent venir s'ajouter, en particulier : i) la part de l'agriculture dans les émissions totales de GES ; ii) la productivité des émissions de GES du secteur agricole par source : dénitrification des sols, fermentation entérique des ruminants, décomposition des effluents d'élevage et riziculture.

La productivité des GES est déjà utilisée comme indicateur par l'OCDE et par d'autres organisations internationales qui travaillent sur la croissance verte. Elle fait l'objet d'un large consensus et est facile à interpréter.

Mesurabilité

Les inventaires de la CCNUCC constituent la source principale de données. La mesurabilité des indicateurs est bonne, dans la mesure où les données concernant les émissions de GES sont déclarées chaque année à la CCNUCC par les parties visées à l'annexe I. Ces données couvrent tous les pays de l'OCDE, à l'exception du Chili, de la Corée, d'Israël et du Mexique. Les émissions sont exprimées en équivalents CO_2, car les différents GES ont des potentiels de réchauffement planétaire distincts. Les principales sources d'émission de GES dans l'agriculture sont les suivantes :

- Les émissions de méthane (CH_4), dues à la fermentation entérique des ruminants (bovins, ovins et caprins) ;
- Les émissions d'hémioxyde d'azote (N_2O) produites par la dénitrification des sols ;
- Les émissions de CH_4 et de N_2O liées à la décomposition des effluents d'élevage.

Ces processus biochimiques dépendent généralement des conditions climatiques, agronomiques et technologiques, qui peuvent avoir une incidence sur les sols agricoles et les installations de stockage des effluents d'élevage. Les émissions de méthane et d'hémioxyde d'azote sont étroitement liées à la production animale. Étant donné que ces différents GES ont des potentiels de réchauffement planétaire distincts, les données sont exprimées sous la forme d'émissions d'équivalent CO_2 afin de permettre leur comparaison.

Principales tendances

L'agriculture primaire dans la zone de l'OCDE représente en moyenne 8 % des émissions totales de GES dans cette zone (**graphique 3.2**). La dénitrification des sols constitue la principale source de GES liés à l'agriculture (46 %), suivie par la fermentation entérique des ruminants (37 %) et la gestion des effluents d'élevage (15 %) (**graphique 3.3**). Au cours de la période 1990-2010, les émissions totales de GES d'origine agricole dans la zone de l'OCDE ont légèrement diminué (**graphique 3.4**). Dans le même temps, la production agricole a régulièrement augmenté, ce qui indiquerait une amélioration de l'efficacité environnementale des émissions de GES agricoles dans l'ensemble de la zone de l'OCDE (**graphique 3.5**). On observe dans plusieurs cas un découplage absolu des émissions de GES de la production agricole (**graphique 3.6**). Les écarts de productivité des GES entre les pays de l'OCDE demeurent élevés (**graphique 3.7**). La productivité des GES provenant de la dénitrification des sols, de la fermentation entérique des ruminants et de la décomposition des effluents d'élevage a régulièrement augmenté au cours de la période 1990-2010 ; la productivité des GES dus à la riziculture est quant à elle un peu plus variable dans le temps (**graphique 3.8**).

Graphique 3.2. Contribution de l'agriculture aux émissions totales de GES, 2008-10 (%)

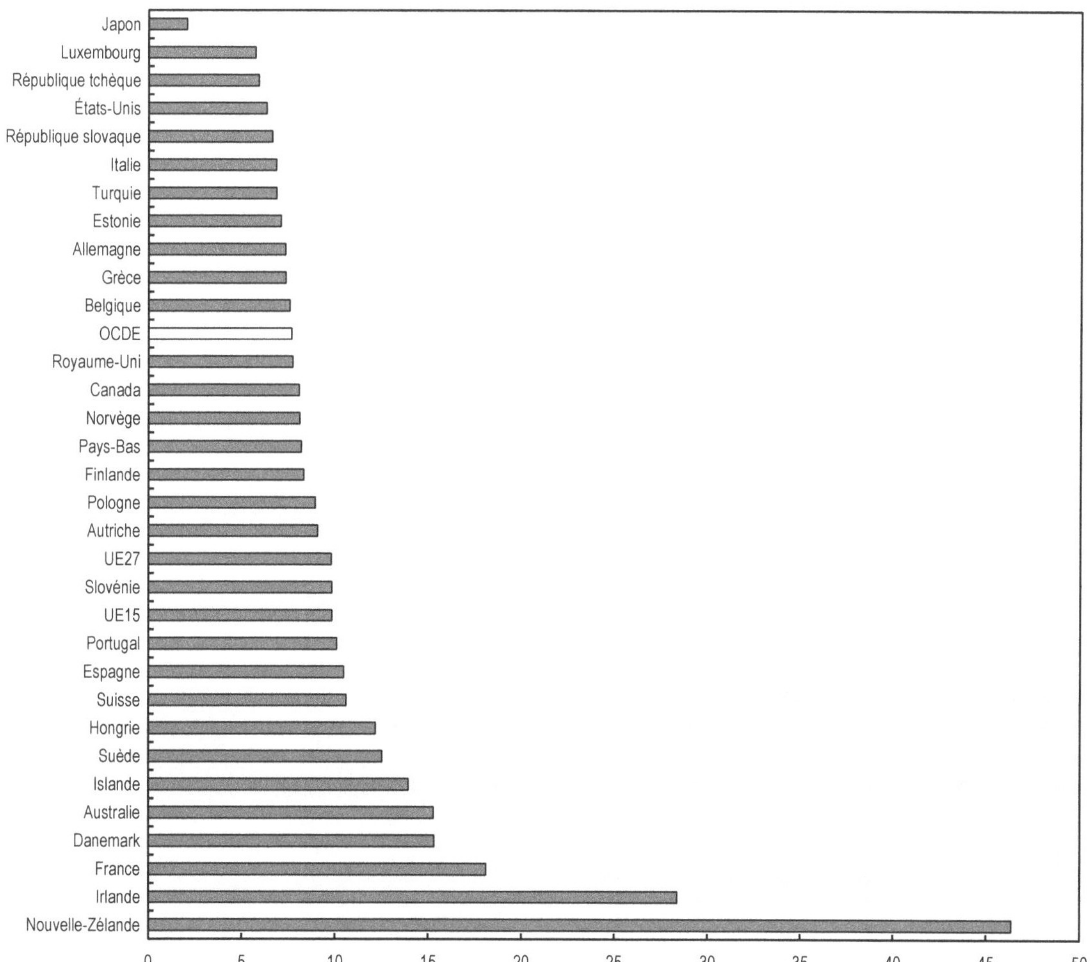

Note : hors UTCATF (utilisation des terres, changement d'affectation des terres et foresterie).

Source : CCNUCC, *Données sur les inventaires de gaz à effet de serre*. http://unfccc.int/ghg_data/items/3800.php.

StatLink *http://dx.doi.org/10.1787/10.1787/888933162070*

Graphique 3.3. Émissions de GES d'origine agricole dans la zone de l'OCDE, par sources, 2008-10 (%)

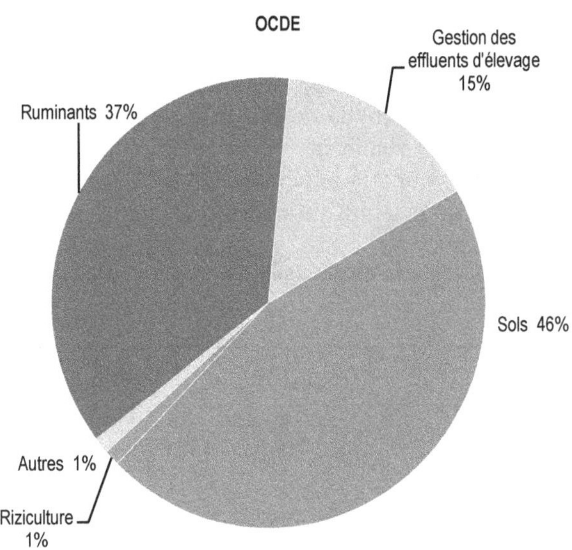

Note : hors UTCATF (utilisation des terres, changement d'affectation des terres et foresterie).

Source : CCNUCC, *Données sur les inventaires de gaz à effet de serre*. http://unfccc.int/ghg_data/items/3800.php.

StatLink http://dx.doi.org/10.1787/888933162088

Graphique 3.4. Taux de croissance des émissions nettes de GES de l'ensemble de l'économie et de l'agriculture

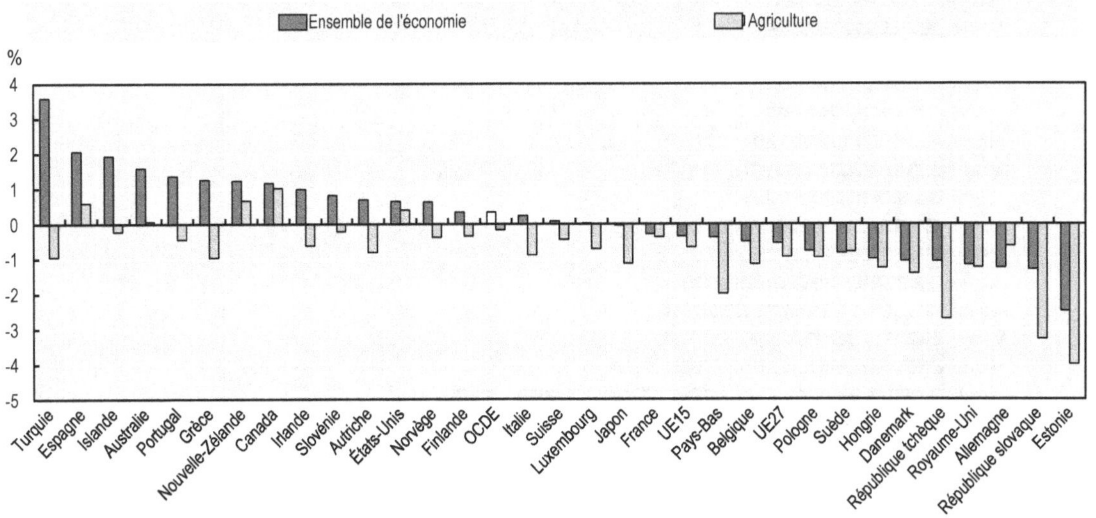

Note : hors UTCATF (utilisation des terres, changement d'affectation des terres et foresterie).

Source : CCNUCC, *Données sur les inventaires de gaz à effet de serre*, http://unfccc.int/ghg_data/items/3800.php.

StatLink http://dx.doi.org/10.1787/888933162094

Graphique 3.5. Émissions de GES, PIB et productivité du secteur agricole dans la zone de l'OCDE

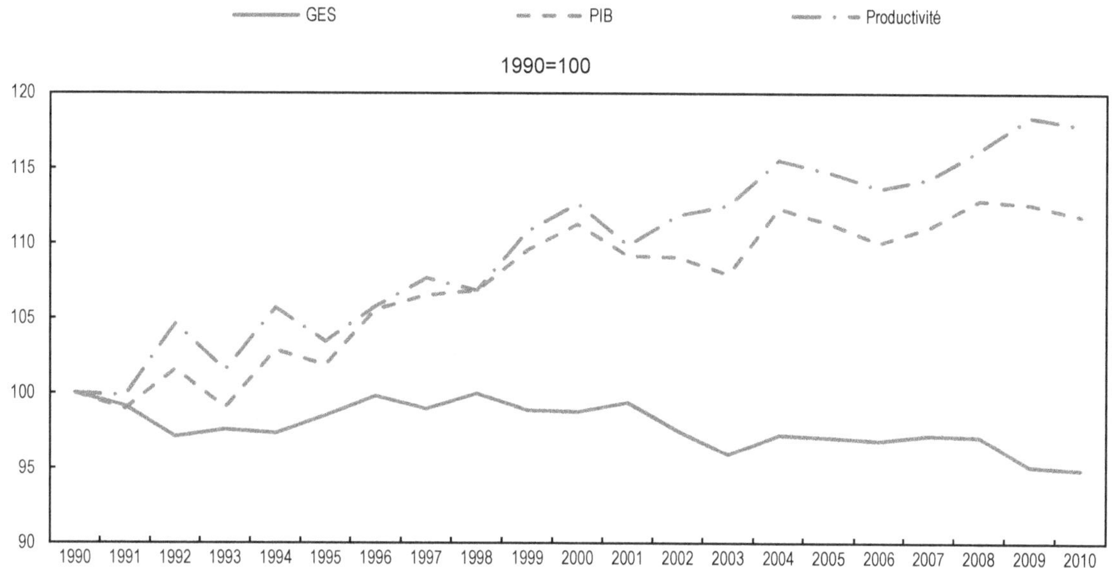

Note : hors UTCATF (utilisation des terres, changement d'affectation des terres et foresterie).
Source : CCNUCC, *Données sur les inventaires de gaz à effet de serre,* http://unfccc.int/ghg_data/items/3800.php ; FAO, base de données *FAOSTAT,* http://faostat.fao.org/.

StatLink http://dx.doi.org/10.1787/888933162104

Graphique 3.6. Croissance économique du secteur agricole, émissions agricoles de GES et liens avec le découplage, 1990-2010

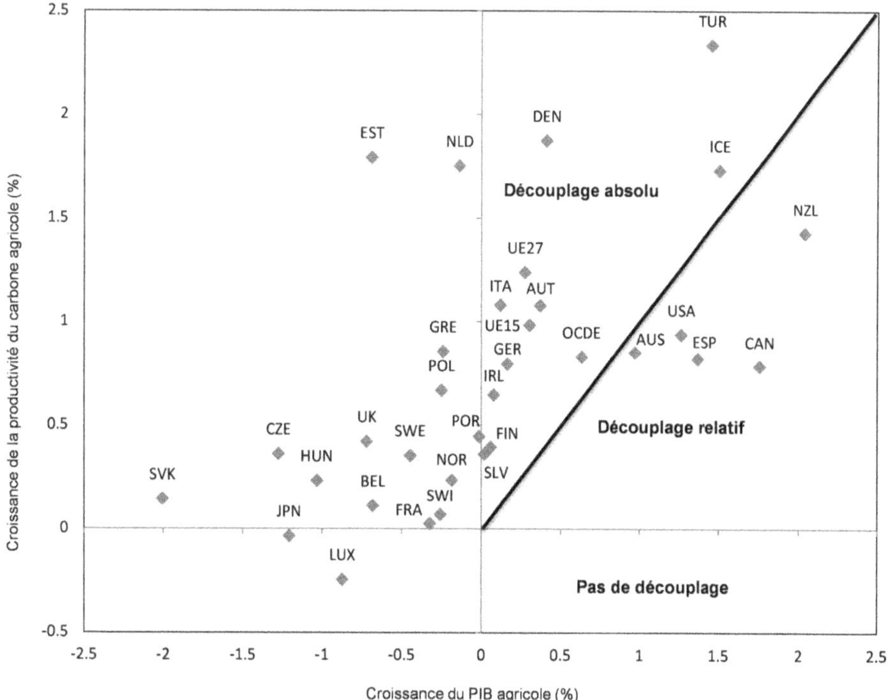

Note : La productivité du carbone est le PIB agricole par unité d'émissions agricoles de GES.
Source : CCNUCC, *Données sur les inventaires de gaz à effet de serre,* http://unfccc.int/ghg_data/items/3800.php ; FAO, base de données *FAOSTAT,* http://faostat.fao.org/.

StatLink http://dx.doi.org/10.1787/888933162112

Graphique 3.7. Productivité des émissions agricoles de GES, 2008-10

OCDE = 100

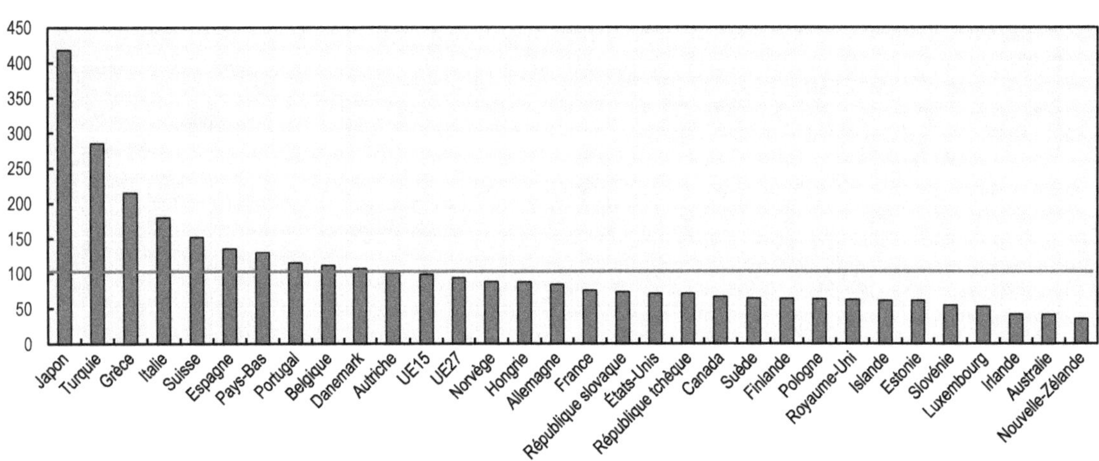

Note : hors UTCATF (utilisation des terres, changement d'affectation des terres et foresterie).
Source : CCNUCC, *Données sur les inventaires de gaz à effet de serre,* http://unfccc.int/ghg_data/items/3800.php.

StatLink http://dx.doi.org/10.1787/888933162121

Graphique 3.8. Productivité des émissions agricoles de GES par sources dans la zone de l'OCDE

1990=100

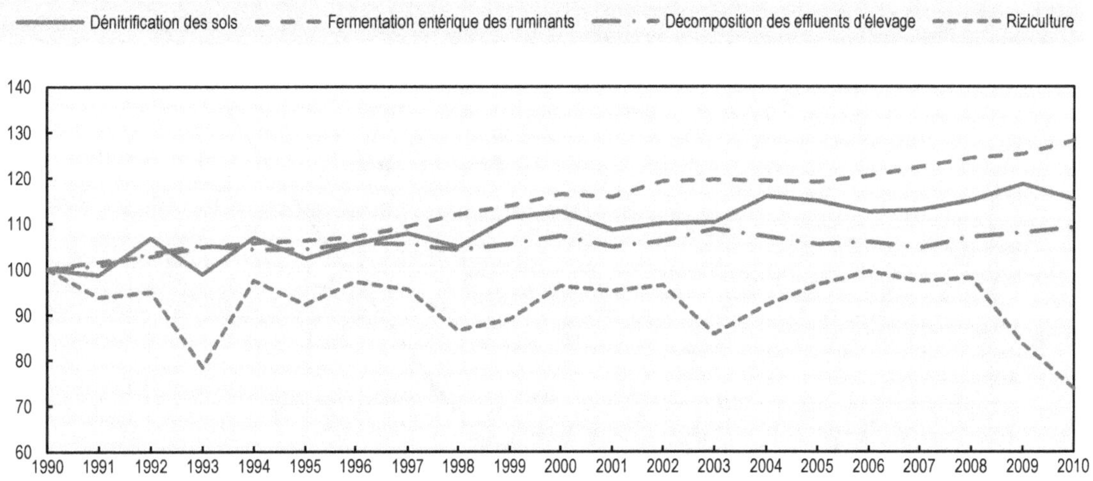

Note : hors UTCATF (utilisation des terres, changement d'affectation des terres et foresterie).
Source : CCNUCC, *Données sur les inventaires de gaz à effet de serre,* http://unfccc.int/ghg_data/items/3800.php ; FAO, base de données *FAOSTAT*, http://faostat.fao.org/.

StatLink http://dx.doi.org/10.1787/888933162138

Productivité énergétique

Contexte général

L'énergie est un facteur primordial pour une agriculture compétitive et durable. Les liens entre agriculture et énergie sont complexes, dans la mesure où l'agriculture est à la fois consommatrice et productrice d'énergie. L'exploitation agricole consomme de l'énergie directement du fait de l'utilisation de machines et du chauffage des étables ou des serres, et indirectement lorsqu'il s'agit de l'énergie nécessaire à la production d'engrais, de pesticides, de machines agricoles et d'autres intrants. Mais l'agriculture est également une source potentielle importante d'énergie propre et renouvelable.

Les aides que reçoivent les agriculteurs au titre de la consommation d'énergie sont très répandues dans les pays de l'OCDE et prennent essentiellement la forme d'allégements des taxes sur les carburants et combustibles consommés sur l'exploitation. De même, il est fréquent que les bioénergies reçoivent un soutien dans la zone de l'OCDE, moyennant des incitations fiscales et des paiements au titre de la production de bioénergie obtenue à partir de matières premières agricoles (maïs, par exemple) ou de déchets (paille, entre autres).

Le principal enjeu est d'améliorer l'efficacité énergétique sur les exploitations, en abaissant la consommation d'énergie par unité de production agricole, et de chercher à augmenter la production de matières premières écologiquement neutres (c'est-à-dire produisant plus d'énergie qu'il n'en faut pour les obtenir, avec un minimum de pollution de l'eau et de l'air) destinées à la production de biocarburants.

Suivi des progrès

Les progrès dans le sens d'une croissance verte peuvent être évalués sur les bases suivantes : i) la productivité énergétique de l'agriculture (le ratio du produit intérieur brut agricole par unité d'utilisation directe d'énergie – combustibles solides, pétrole, gaz, électricité, énergies renouvelables, chaleur et déchets industriels)[2] ; et ii) l'évolution du volume d'énergie renouvelable produit par l'agriculture.

Il convient d'étudier ces indicateurs en relation avec ceux qui concernent la productivité des émissions de GES, la recherche-développement et les brevets en matière d'efficacité énergétique et d'énergies renouvelables, les prix et la fiscalité de l'énergie, la tarification du carbone et les aides apportées aux biocarburants.

Mesurabilité

Les données relatives à la productivité de l'énergie se rapportent à la consommation directe d'énergie par l'agriculture primaire sur les exploitations. Elles englobent l'électricité, les combustibles de chauffage et les carburants utilisés pour les cultures, le séchage du grain, les productions animales, l'élevage de volailles, le transport des produits agricoles et l'usage personnel (par exemple le chauffage des locaux d'habitation et les déplacements à la ville). L'utilisation indirecte de l'énergie (c'est-à-dire l'énergie consommée pour la production, le conditionnement et le transport jusqu'à l'exploitation des engrais, pesticides, machines et bâtiments agricoles) n'est pas prise en compte. Les données couvrent également l'énergie utilisée dans la sylviculture qui, dans la plupart des pays, est considérée comme marginale par rapport à l'agriculture[3].

Les données relatives aux énergies renouvelables produites par l'agriculture ne sont pas disponibles dans leur totalité et elles ne sont pas reprises dans le présent document.

Principales tendances

Dans la zone de l'OCDE, la consommation d'énergie du secteur agricole a augmenté au cours de la période 1990-2000 en moyenne, à un rythme supérieur à celui du produit intérieur brut agricole, ce qui suggère qu'un découplage relatif s'est produit. Cette tendance s'est inversée depuis 2000, et un découplage absolu a été enregistré, avec un taux de croissance de la production agricole supérieur à celui de la productivité énergétique, cependant les écarts de productivité énergétique demeurent élevés entre les pays de l'OCDE (**graphiques 3.9 et 3.10**).

Graphique 3.9. Productivité énergétique directe sur les exploitations agricoles, zone de l'OCDE

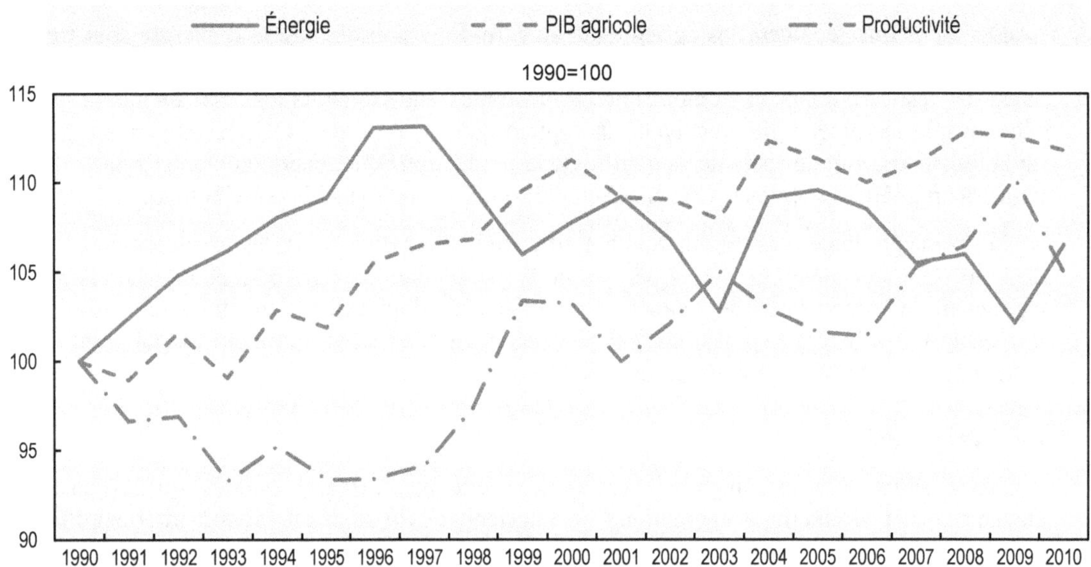

Source : CCNUCC, *Données sur les inventaires de gaz à effet de serre,* http://unfccc.int/ghg_data/items/3800.php ; FAO, base de données *FAOSTAT*, http://faostat.fao.org/.

StatLink http://dx.doi.org/10.1787/888933162149

Graphique 3.10. Productivité énergétique directe sur les exploitations, 2009-10

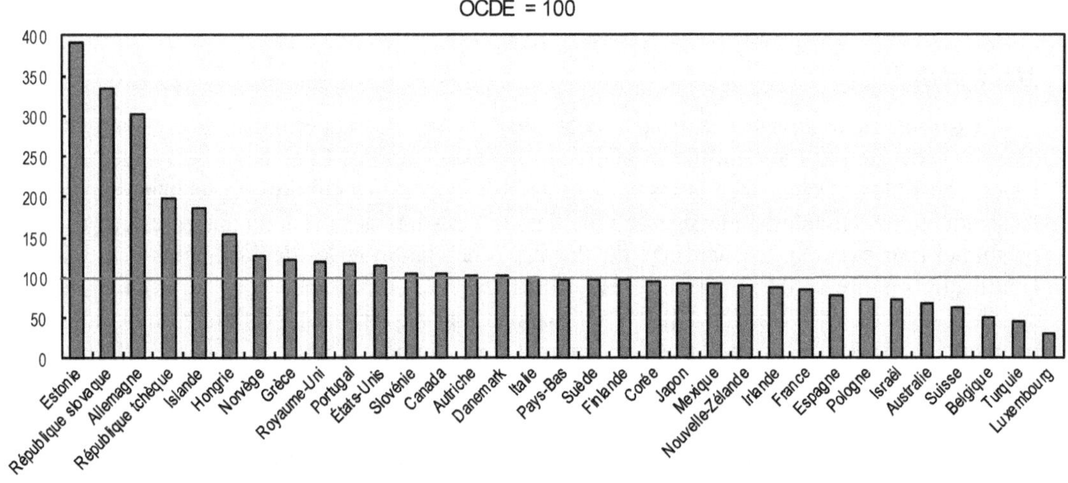

Source : CCNUCC, *Données sur les inventaires de gaz à effet de serre,* http://unfccc.int/ghg_data/items/3800.php ; FAO, base de données *FAOSTAT*, http://faostat.fao.org/.

StatLink http://dx.doi.org/10.1787/888933162153

Intensité d'utilisation de l'eau

Contexte général

L'agriculture représente actuellement 70 % de la consommation d'eau dans le monde (45 % dans la zone de l'OCDE) et si rien n'est fait pour inverser la tendance, la demande du secteur agricole risque d'augmenter de plus de 30 % d'ici à 2050. Du fait de l'urbanisation, de l'industrialisation et du changement climatique, l'eau fera l'objet d'une concurrence plus vive, à laquelle l'agriculture devra faire face. Plusieurs pays de l'OCDE, en particulier ceux qui sont confrontés à une raréfaction de la ressource, ont élaboré des stratégies axées sur la gestion de l'eau dans l'agriculture (OCDE, 2010).

Suivi des progrès

L'indicateur proposé concerne l'évolution de la consommation d'eau d'irrigation par hectare irrigué. La part des surfaces irriguées par rapport aux surfaces agricoles totales est également proposée comme indicateur complémentaire. Ces deux indicateurs doivent être analysés avec les indicateurs relatifs aux ressources en eau douce disponibles et renouvelables, ainsi qu'avec les indicateurs de prélèvements d'eau par grand type d'usage (OCDE, 2014a).

Ces deux indicateurs ont un certain nombre de limites, qui doivent être prises en compte lors de la comparaison des niveaux absolus et des tendances entre pays (OCDE, 2014b). En particulier, des séries chronologiques complètes et cohérentes ne sont disponibles que pour quelques pays de l'OCDE (**graphique 3.11**), en partie du fait que les données ne sont pas calculées annuellement, en général, mais tirées d'enquêtes menées tous les cinq, voire dix ans.

Les méthodes de collecte et de calcul des données varient d'un pays à l'autre, ainsi qu'à l'intérieur d'un même pays, et, de plus, les erreurs de mesure ne sont pas exclues. Les sources de données sur les prélèvements d'eau d'irrigation comprennent des enquêtes par sondage auprès des irrigants, et ces données sont parfois estimées sur la base d'informations associant les superficies des cultures irriguées et les coefficients de consommation d'eau attribués aux différentes cultures ou les débits des systèmes d'irrigation. Dans d'autres cas, les données relatives aux prélèvements d'eau d'irrigation peuvent refléter les quantités d'eau allouées, qui peuvent présenter des différences notables avec les prélèvements réels, selon les conditions météorologiques pendant l'année (OCDE, 2014b).

Le terme « prélèvements d'eau agricole » désigne les prélèvements d'eau destinée à l'irrigation et à d'autres usages agricoles (par exemple pour le bétail), effectués dans les rivières, lacs, réservoirs et eaux souterraines (forages peu profonds et nappes profondes), ainsi que l'eau restituée par l'irrigation, mais exclut les précipitations reçues directement par les terres agricoles. Les « prélèvements d'eau » ne doivent pas être confondus avec la « consommation d'eau », qui correspond à l'eau qui n'est plus disponible pour être réutilisée.

Dans certains pays de l'OCDE, l'agriculture irriguée représente une part importante des prélèvements d'eau agricole. Au total, la superficie irriguée de la zone OCDE, qui avait connu une légère augmentation au cours des années 1990, a diminué dans les années 2000 au rythme de 0.4 % par an (OCDE, 2014b). Cette diminution résulte en grande partie de l'évolution constatée en Australie, au Japon, en Italie, en Grèce et en Espagne (**graphique 3.12**). Les principales raisons du recul des superficies irriguées sont la contraction de la production agricole, les améliorations de l'efficacité sur les surfaces irriguées restantes et la sécheresse prolongée qui a sévi dans certaines régions.

Graphique 3.11. Intensité d'utilisation de l'eau dans l'agriculture et superficie irriguée

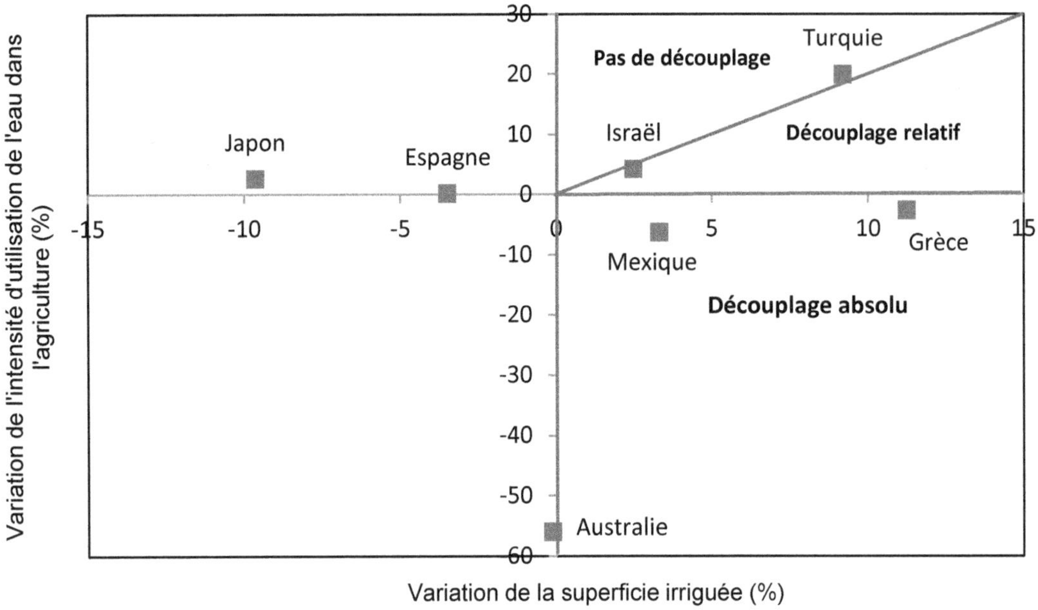

Note : l'intensité d'utilisation de l'eau dans l'agriculture est définie comme le ratio de l'eau d'irrigation à la superficie irriguée. Les variations se rapportent aux moyennes de 2005-10 et de 1990-95.

Source : OCDE (2013), "Indicateurs agro-environnementaux : performance environnementale de l'agriculture 2013", *Statistiques agricoles de l'OCDE* (base de données), doi : http://dx.doi.org/10.1787/data-00660-fr.

StatLink http://dx.doi.org/10.1787/888933162160

Graphique 3.12. Part des superficies irriguées

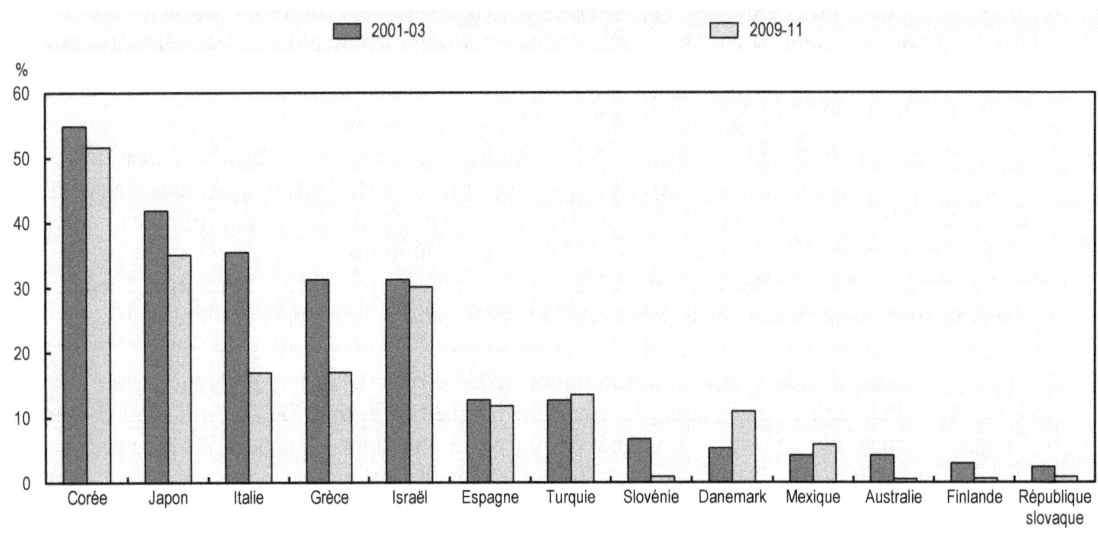

Note : pour la Corée, 2007 au lieu de 2009-11.

Source : Banque mondiale, *Indicateurs du développement dans le monde* (base de données), http://data.worldbank.org/data-catalog/world-development-indicators.

StatLink http://dx.doi.org/10.1787/888933162170

Flux et bilans d'éléments nutritifs

Contexte général

Les éléments nutritifs, tels que l'azote, le phosphate et la potasse, sont indispensables pour maintenir ou élever le niveau de productivité des cultures et des pâturages. La plupart de ces éléments nutritifs, qui sont épandus chaque année, sont absorbés par les végétaux, mais lorsqu'ils sont apportés en trop grandes quantités, ils peuvent se volatiliser dans l'environnement, être lessivés dans les eaux souterraines, être transportés des sols vers l'atmosphère ou les eaux de surface. En cas de déficit d'éléments nutritifs nécessaires à la croissance des végétaux, la fertilité du sol peut diminuer, tandis qu'un excès crée un risque de pollution des sols, de l'air et de l'eau par eutrophisation.

Dans la zone de l'OCDE, les apports excessifs d'éléments nutritifs sont très fréquents, et pratiquement tous les pays de l'OCDE recourent à des degrés divers à de nombreux instruments d'action (paiements, taxes, réglementations, conseils aux agriculteurs, etc.) pour remédier à la pollution de l'eau et de l'air due aux émissions d'ammoniac (OCDE, 2014b). La difficulté consiste à trouver des moyens d'augmenter la production tout en minimisant les déperditions d'éléments nutritifs et les dommages qui en résultent pour l'environnement.

Suivi des progrès

Deux types d'indicateurs sont proposés : i) évolution des bilans des éléments nutritifs agricoles et intensité des apports d'éléments nutritifs ; ii) évolution de l'intensité des apports d'engrais inorganiques (commerciaux). En particulier, les indicateurs suivants sont proposés :

- Évolution de l'intensité des apports d'azote (N) (bilan brut d'azote par ha de terre agricole) par rapport à l'évolution de la production agricole.
- Évolution de l'intensité des apports de phosphore (P) (bilan brut du phosphore par ha de terre agricole) par rapport à l'évolution de la production agricole.
- Évolution de l'intensité des apports d'engrais commerciaux, calculée en divisant la consommation annuelle d'engrais commerciaux par la superficie de terre arable.

Ces indicateurs sont des variables représentatives du risque de pressions environnementales associées à la production agricole (baisse de la fertilité des sols en cas de déficit des éléments nutritifs) ou du risque de pollution des sols, de l'eau et de l'air (en cas d'excédents d'éléments nutritifs). Les bilans des éléments nutritifs et l'intensité des apports donnent une indication du niveau des pressions environnementales potentiellement liées à ces éléments, en particulier sur la qualité des sols, de l'eau et de l'air, en l'absence de réduction effective de la pollution.

Il convient d'avoir à l'esprit que ces indicateurs décrivent des pressions environnementales potentielles et qu'ils peuvent dissimuler de fortes variations infranationales. Les comparaisons entre pays de l'évolution de l'intensité des excédents d'éléments nutritifs au fil du temps doivent prendre en compte les niveaux absolus pendant la période de référence. Toute analyse doit prendre en compte les informations relatives à l'utilisation des terres agricoles et aux modes de gestion des exploitations.

Mesurabilité

Les bilans bruts d'éléments nutritifs (N et P) correspondent à la différence entre la quantité totale de minéraux qui entrent dans un système agricole sous forme d'intrants (apports d'engrais et d'effluents d'élevage, principalement) et la quantité qui en sort sous forme de produits (moyennant l'absorption de minéraux par les cultures et les pâturages, essentiellement).

Les bilans des éléments nutritifs sont exprimés en termes d'évolution des quantités totales excédentaires (déficitaires) de minéraux, ce qui donne une indication de la tendance et du niveau de la pression physique potentielle des excédents sur l'environnement. Ils sont également exprimés en kilogrammes d'éléments nutritifs excédentaires (déficitaires) par hectare de terres agricoles et par an, ce qui facilite la comparaison de l'intensité avec laquelle les minéraux sont utilisés dans les systèmes agricoles des différents pays.

Les données relatives aux bilans de l'azote et du phosphore sont disponibles pour pratiquement tous les pays de l'OCDE de 1990 à 2009 (OCDE, 2014b). Les données sur la consommation apparente des engrais commerciaux sont publiées par l'International Fertilizer Industry Association (IFA) et la FAO.

Principales tendances

Dans de nombreux pays de l'OCDE, les excédents d'éléments nutritifs sont en diminution par rapport à la production agricole. Globalement, les excédents d'azote et de phosphore agricoles de la zone de l'OCDE ont accusé une baisse continue entre 1990 et 2009, à la fois en tonnage et en excédents par hectare de terres agricoles. Cette diminution a été plus rapide dans les années 2000 que dans les années 1990 et indique un processus de découplage relatif entre la production agricole et la pression exercée sur l'environnement par l'azote et le phosphore (**graphiques 3.13** et **3.14**).

Graphique 3.13. Intensité des bilans des éléments nutritifs et production agricole, zone de l'OCDE (1990=100)

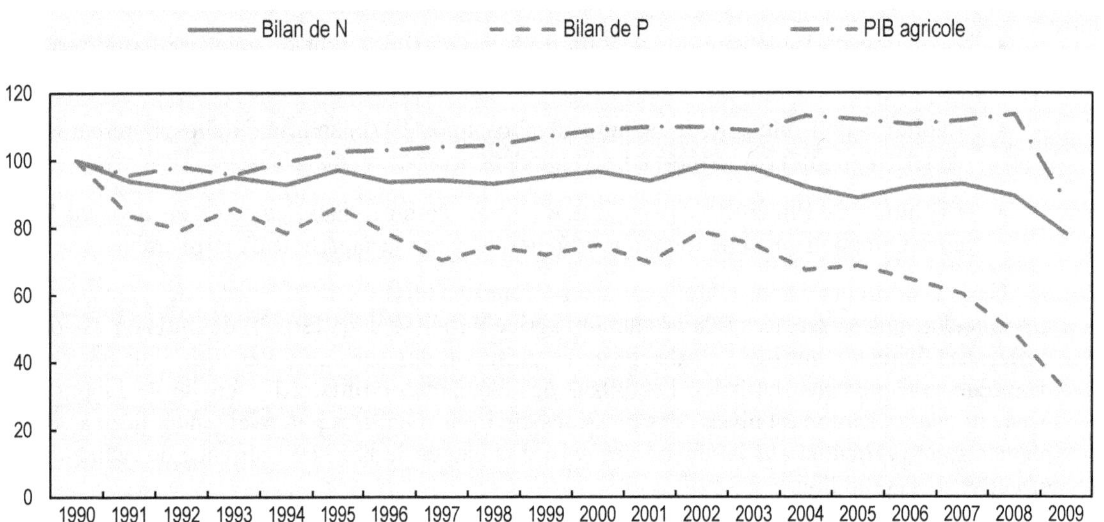

Note: l'intensité des bilans des éléments nutritifs est définie comme le bilan (excédent ou déficit) de l'azote et du phosphore par hectare de terre agricole.

Source : OCDE (2013), "Indicateurs agro-environnementaux : performance environnementale de l'agriculture 2013", *Statistiques agricoles de l'OCDE* (base de données), doi : http://dx.doi.org/10.1787/data-00660-fr.

StatLink http://dx.doi.org/10.1787/888933162186

Graphique 3.14. Tendances du découplage des éléments nutritifs

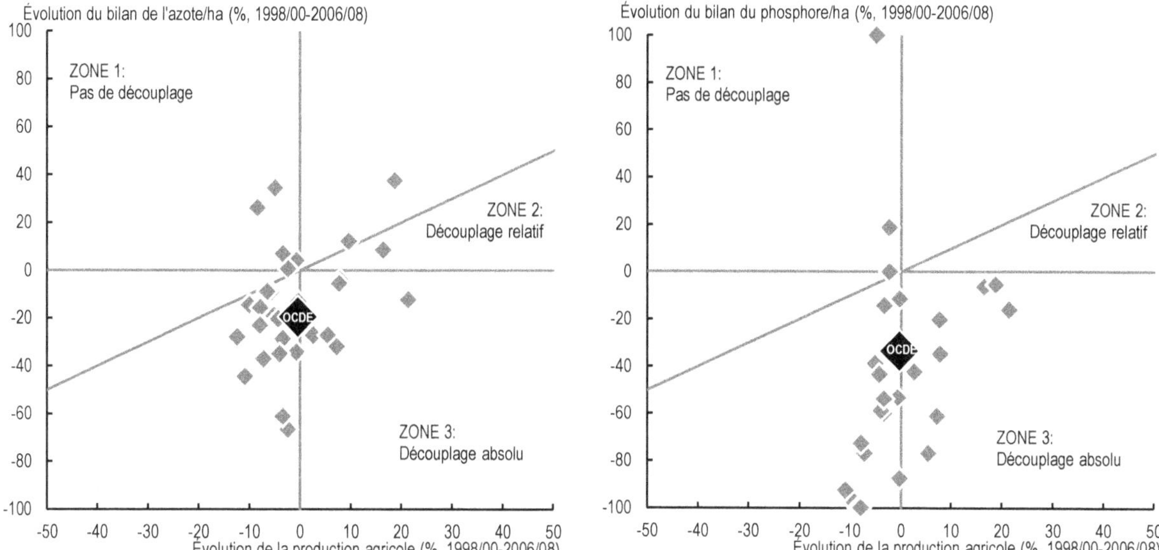

Source : OCDE (2014), Tendances du découplage : bilans des éléments fertilisants agricoles et production agricole, dans *Green Growth Indicators 2014*, Éditions OCDE, doi : http://dx.doi.org/10.1787/9789264202030-graph25-en.

StatLink http://dx.doi.org/10.1787/888933162199

L'évolution de l'intensité des apports d'engrais inorganiques dessine une image similaire, en particulier depuis 2000 : leur utilisation est en baisse, tandis que parallèlement, la production végétale augmente (**graphiques 3.15** et **3.16**).

Ces évolutions reflètent à la fois une amélioration de l'efficacité avec laquelle les agriculteurs utilisent les éléments nutritifs et un ralentissement de la croissance de la production agricole dans de nombreux pays. La diminution des excédents d'éléments nutritifs réduit le risque de pression environnementale sur les sols, l'eau et l'air, mais les variations non négligeables aussi bien dans les pays eux-mêmes qu'entre eux, en ce qui concerne l'intensité des apports et l'évolution des excédents d'éléments nutritifs, indiquent différents degrés de découplage.

En dépit des progrès globaux en matière de réduction des excédents d'éléments nutritifs, l'intensité d'utilisation d'azote et de phosphore par hectare de terre agricole reste très élevée au regard des dommages potentiels qu'ils peuvent avoir sur l'environnement. En 2008-09, environ les deux tiers des pays de l'OCDE présentaient un excédent annuel d'azote supérieur à 40 kg/ha, la Belgique, la Corée, Israël, le Japon et les Pays-Bas déclarant des excédents supérieurs à 100 kg/ha (**graphique 3.17**). S'agissant du phosphore, l'excédent était supérieur à 5 kg/ha sur la même période dans environ un tiers des pays de l'OCDE et dépassait 10 kg/ha en Corée, en Israël, au Japon, en Norvège et aux Pays-Bas.

Graphique 3.15. Consommation apparente et intensité d'utilisation d'engrais inorganiques, et production végétale, zone de l'OCDE

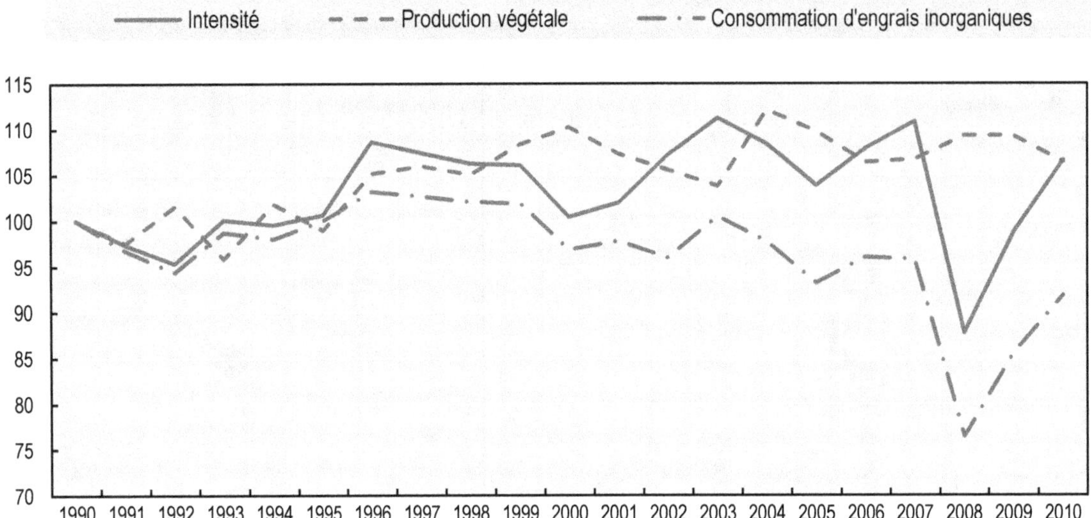

Note: l'intensité d'utilisation des engrais inorganiques est définie comme la consommation annuelle d'engrais industriels par hectare de terre labourable.

Source : FAO, *FAOSTAT* (base de données), http://faostat.fao.org/; International Fertiliser Association (IFA), *IFADATA* (base de données), http://www.fertilizer.org/Statistics.

StatLink http://dx.doi.org/10.1787/888933162200

Graphique 3.16. Tendances du découplage de l'utilisation d'engrais inorganiques

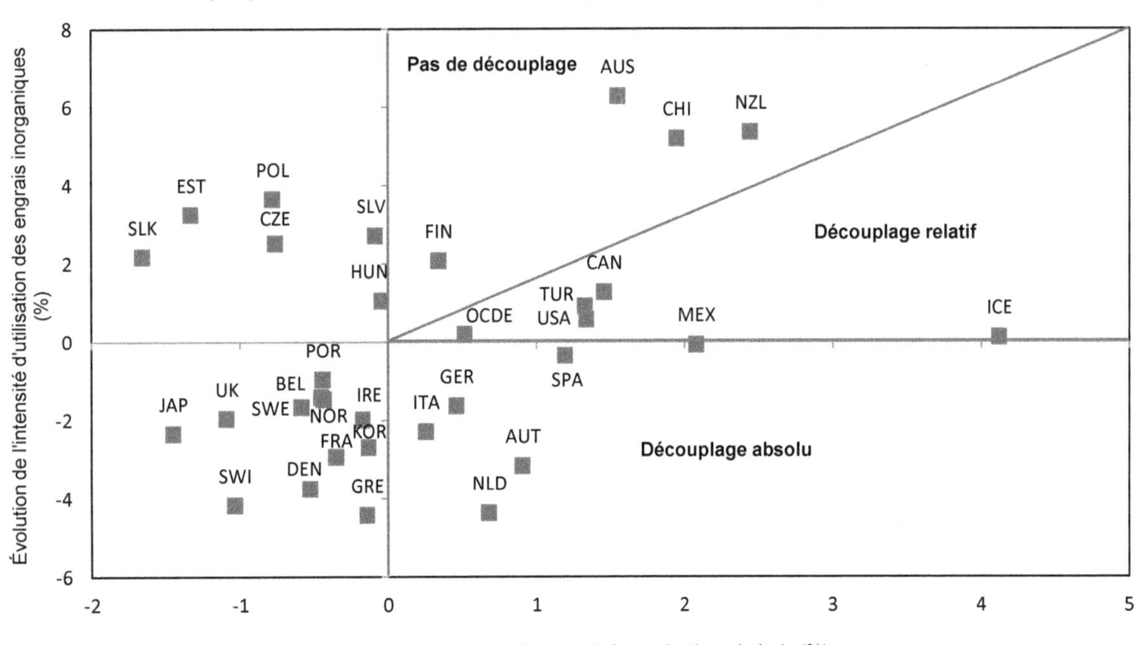

Note : l'évolution se rapporte à la période 1990-2010.

Source : FAO, *FAOSTAT* (base de données), http://faostat.fao.org/ ; International Fertiliser Association (IFA), *IFADATA* (base de données), http://www.fertilizer.org/Statistics.

StatLink http://dx.doi.org/10.1787/888933162210

Graphique 3.17. Éléments nutritifs rapportés à la superficie agricole, 2008-09 (kg/ha)

Bilan N, kg/ha
Azote
250
200
150
100
50
0
-50
Corée
Pays-Bas
Japon
Belgique
Israël
Norvège
Royaume-Uni
Luxembourg
Danemark
Allemagne
République tchèque
Suisse
Pologne
Irlande
Nouvelle-Zélande
France
Finlande
Slovénie
Suède
Italie
Turquie
États-Unis
République slovaque
Autriche
OCDE
Estonie
Canada
Mexique
Grèce
Australie
Espagne
Portugal
Islande
Hongrie

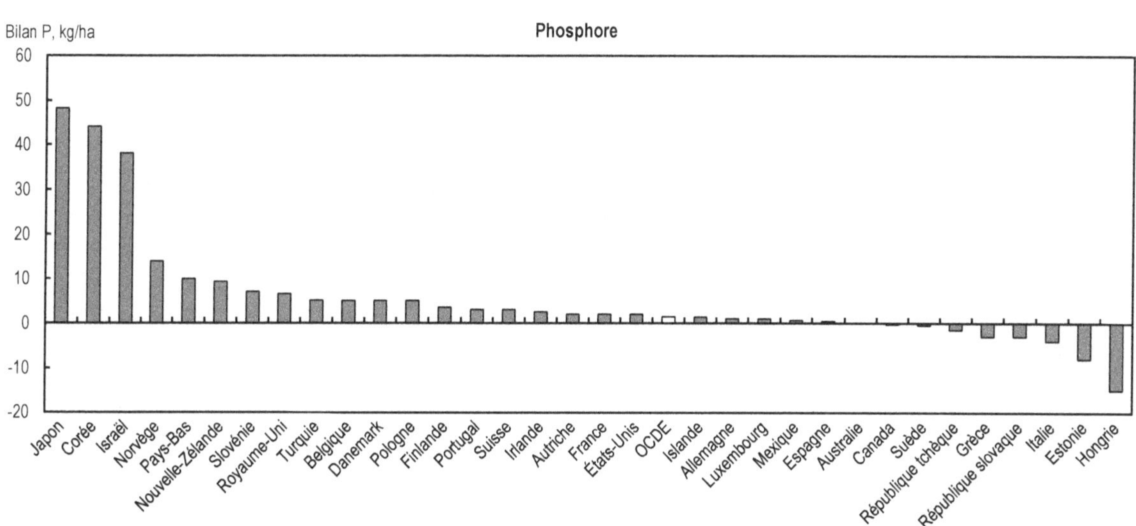

Source : OCDE (2013), "Indicateurs agro-environnementaux : performance environnementale de l'agriculture 2013", *Statistiques agricoles de l'OCDE* (base de données), doi : http://dx.doi.org/10.1787/data-00660-fr.

StatLink http://dx.doi.org/10.1787/888933162225

Productivité matérielle (biomasse)

Contexte général

La productivité des ressources et l'efficacité avec laquelle elles sont utilisées sont au cœur des réflexions de la communauté internationale et font l'objet d'initiatives nationales et internationales, telles que le Plan d'action 3R de Kobe, le Panel international pour la gestion durable des ressources (UNEP) et Europe 2020, initiative phare de l'Union européenne sur l'efficacité d'utilisation des ressources. Le Conseil de l'OCDE a émis deux Recommandations pour faire avancer les travaux dans ce domaine.

Suivi des progrès

Le suivi des ressources naturelles, de leur utilisation dans les activités économiques, de leur contribution à la production économique et de la façon dont leur utilisation agit sur l'environnement nécessite de disposer de données complètes sur les flux de ces ressources et d'indicateurs des progrès.

Les indicateurs fondés sur l'analyse des flux de matières[4] sont utiles pour mesurer les progrès de la productivité des ressources, et permettent d'appréhender l'efficience économique et l'efficacité environnementale avec lesquelles les matières sont utilisées dans la chaîne de production et de consommation, jusqu'à l'élimination finale. L'un des indicateurs fréquemment utilisé est la productivité matérielle (ou l'intensité matérielle), qui met en relation le produit économique et la quantité de matière (ou de matières premières) utilisée. Il rapporte le PIB à la consommation intérieure de matières (CIM) ou au besoin apparent en matières[5]. Il peut être calculé à partir des comptes des flux de matières[6] qui couvrent l'ensemble de l'économie et établissent une distinction entre les différents types et groupes de matières. Les ressources en eau n'entrent pas dans le cadre de ces comptes et doivent être traitées séparément.

Pour appliquer cette approche à l'agriculture, il conviendrait de disposer soit de données relatives aux flux de matière ventilées par secteur, soit de données relatives aux entrées de matières dans l'activité agricole et aux sorties, produits transformés compris. Ces données ne sont pas encore disponibles dans tous les pays de l'OCDE et les indicateurs pertinents restent à définir.

Productivité totale des facteurs corrigée des incidences environnementales

Contexte général

Pour étudier la croissance verte dans le secteur agricole, il est essentiel de prendre en considération les externalités environnementales dans le calcul de la croissance. La production agricole rejaillit sur les ressources naturelles et influe sur les écosystèmes et la biodiversité. Une grande partie de ces effets sur l'environnement revêt les caractéristiques des externalités négatives ou positives ou des biens publics, qui n'ont pas de marché privé ou dont le marché fonctionne mal. Ces effets sont généralement négligés dans les comptes de croissance traditionnels ou dans l'estimation des indicateurs courants de performance économique, tel que la productivité totale des facteurs (PTF). De ce fait, la PTF classique, qui est souvent considérée comme un indicateur de l'efficience économique et de la compétitivité et comme un facteur du niveau de vie matériel à long terme, peut être faussée et mettre les pouvoirs publics sur la mauvaise voie. Certains de ces problèmes peuvent être résolus en corrigeant la productivité totale des facteurs de l'utilisation des ressources naturelles et des services environnementaux.

Suivi des progrès

Comme indiqué plus haut, la PTF est un indicateur de productivité clairement défini, mais elle est généralement calculée de façon résiduelle et elle se prête donc moins bien à la communication que les mesures partielles de la productivité, telles que la productivité du travail. Si elle rendait compte des ressources naturelles utilisées comme intrants et d'externalités négatives telles que les émissions, elle serait d'autant plus difficile à interpréter. Toutefois, ce serait théoriquement une façon appropriée d'étudier les distorsions susceptibles de surgir lorsque les services environnementaux ne sont pas pris en compte dans les estimations habituelles de la PTF.

Mesurabilité

Cet indicateur n'est pas encore mesurable et l'OCDE a lancé des activités de recherche pour faire progresser les travaux concernant son calcul. L'objectif est de déterminer si la croissance de la PTF est surestimée ou sous-estimée du fait de l'omission, dans les calculs, de produits indésirables et de ressources naturelles utilisées comme intrants (**encadré 3.3**). Dans une première phase, ces travaux se concentreront sur l'intégration de ressources naturelles comme les sols, le bois et des ressources du sous-sol dans le groupe d'intrants, et sur celle de produits indésirables (certaines émissions) dans le groupe des produits. L'OCDE consacre également des travaux exploratoires au calcul d'une PTF corrigée des incidences environnementales dans les secteurs de l'agriculture et de l'énergie.

Encadré 3.3. Travaux de l'OCDE en cours sur l'ajustement des estimations de la productivité totale des facteurs visant à tenir compte des services environnementaux

L'OCDE a conçu une méthode de calcul de l'ajustement des estimations de la productivité totale des facteurs visant à tenir compte des services environnementaux et l'a appliquée à certains pays. Ces activités s'appuient sur la littérature relative aux mesures de la productivité tenant compte des produits indésirables (Pittman, 1983 ; Repetto et al., 1997). Elles intègrent à la fonction de production certaines ressources naturelles (sols, bois, ressources du sous-sol), parmi les facteurs de production, ainsi que certaines émissions polluantes (dioxyde de carbone, et oxydes de soufre et d'azote), parmi les produits indésirables et préjudiciables. L'absence de données sur certaines ressources telles que l'eau et les stocks halieutiques empêche de les prendre en compte dans l'analyse à ce stade.

La méthode se fonde sur une fonction de production standard, qui calcule le volume de la production à partir des facteurs travail et capital. Cette fonction est complétée par le capital naturel et les conséquences négatives des produits indésirables et préjudiciables sur la production. Deux ajustements sont apportés à la fonction de production standard. En premier lieu, des ressources naturelles utilisées comme intrants (minéraux, pétrole, gaz, charbon et bois, notamment) sont agrégées dans un indice des ressources naturelles et ajoutées à la fonction de production sous la forme d'un troisième facteur de production. En second lieu, les produits préjudiciables, pour l'essentiel les polluants atmosphériques, tels que les oxydes de soufre et d'azote, de même que les émissions de CO2, sont ajoutés aux produits pour en obtenir une image plus exacte.

La principale difficulté consiste à disposer de données sur l'utilisation des intrants environnementaux dans la production et sur ses coûts, en particulier sur le coût de l'épuisement et de la dégradation des ressources naturelles et de leur utilisation dans la consommation et la production. Dans un premier temps, les techniques de calcul de la valeur monétaire des ressources naturelles se conforment au SCN 2008 et au Cadre central du SCEE 2012. Rien n'est fait pour estimer la valeur d'autres services environnementaux, en particulier leur valeur de non usage (services de régulation, par exemple). Sur le long terme, la Comptabilité expérimentale des écosystèmes du SCEE proposera des orientations concernant les techniques d'évaluation.

Bien qu'il présente des limites dans sa mise en œuvre concrète, ce prolongement de la mesure de la productivité peut permettre une évaluation plus précise des performances économiques. Les premiers résultats des travaux de l'OCDE montrent que la prise en compte des produits indésirables dans le calcul de la croissance de la productivité n'a qu'une incidence modeste. Cela est en partie dû au fait que les produits préjudiciables considérés ici, en l'occurrence les émissions de dioxyde de carbone, d'oxydes de soufre et d'oxydes d'azote, sont en nombre limité, faute de données plus complètes, mais l'ampleur relativement faible de l'ajustement de l'évaluation classique de la croissance de la productivité est réconfortante pour deux raisons. Tout d'abord, elle signifie que ne pas prendre en compte les produits préjudiciables considérés fausse assez peu l'évaluation de la productivité, et donc que les analyses qui se fondent sur les méthodes classiques sont relativement fiables à cet égard. Ensuite, elle suppose qu'il doit être possible d'accélérer la croissance de la productivité pour réduire de manière sensible la production des produits préjudiciables considérés, sans pour autant freiner l'augmentation de la production.

Source : Brandt, N., P. Schreyer et V. Zipperer (2014), "Productivity Measurement with Natural Capital and Bad Outputs", *Documents de travail du Département des affaires économiques de l'OCDE*, No. 1154, Éditions OCDE, Paris.

Notes

1. Le produit intérieur brut agricole représente la valeur brute de la production agricole en USD constants de 2004-06 telle qu'indiquée par FAOSTAT.

2. Le produit intérieur brut agricole représente la valeur brute de la production agricole en USD constants de 2004-06 telle qu'indiquée par FAOSTAT.

3. Le projet *Life+ Agriclimatechange* vise à développer un logiciel permettant d'évaluer la consommation énergétique ainsi que les émissions de GES des exploitations agricoles (www.agriclimatechange.eu/index.php?lang=fr). Complet, cet outil applicable dans l'ensemble de l'Union européenne a été mis en service entre septembre 2010 et décembre 2013. Des plans d'action ont été conçus et mis en place pour des exploitations agricoles des quatre pays ayant participé au projet (Allemagne, Espagne, France et Italie).

4. L'analyse des flux de matières étudie la façon dont les ressources naturelles et les matières entrent dans un système donné (généralement l'économie) y transitent et en sortent, et dont ces flux interagissent avec l'économie et l'environnement. Elle se fonde sur la comptabilité méthodique des flux physiques, qui fournit des données sur les matières prélevées dans l'environnement et injectées dans l'économie (par ex. les ressources extraites ou récoltées dans l'environnement naturel local ou importées d'autres pays), leur transformation et leur utilisation dans l'économie (de la production à la consommation finale) et leur sortie de l'économie vers l'environnement sous forme de résidus (déchets, polluants) ou vers d'autres pays sous forme d'exportations. Les données sont compilées à partir des statistiques disponibles sur la production, la consommation et les échanges, et des statistiques environnementales (sur les déchets, les émissions, etc.).

5. Le besoin apparent en matières mesure les quantités de matières entrant dans une économie, qu'elles soient extraites du territoire national ou importées. La CIM mesure les quantités de matières consommées dans une économie (c'est-à-dire la consommation directe apparente de matières). Elle est constituée de deux éléments : l'extraction intérieure utilisée et la balance commerciale physique (soit les importations moins les exportations). La CIM équivaut au besoin apparent en matières minoré des exportations.

6. Les comptes de flux de matières font partie de la famille des comptes des flux physiques décrits dans le Cadre central du Système de comptabilité environnementale et économique (SCEE). Le SCEE a été adopté comme norme statistique internationale (Nations Unies, 2014). La notification des flux de matières à l'échelle de l'économie est obligatoire dans l'Union européenne.

Bibliographie

Banque mondiale, *Indicateurs du développement dans le monde* (base de données), http://data.worldbank.org/data-catalog/world-development-indicators

Brandt, N., P. Schreyer et V. Zipperer (2014), « Productivity Measurement with Natural Capital and Bad Outputs », *Documents de travail du Département des affaires économiques* de l'OCDE, No. 1154, Éditions OCDE, Paris.

CCNUCC, *Données sur les inventaires de gaz à effet de serre,* http://unfccc.int/ghg_data/items/3800.php

FAO, *FAOSTAT* (base de données), http://faostat.fao.org/

International Fertiliser Association (IFA), *IFADATA* (base de données), http://www.fertilizer.org/Statistics.

Nations Unies (2014), *System of Environmental Economic Accounting – Central Framework*, Commission européenne, FAO, FMI, OCDE, ONU, Banque mondiale, Organisation des Nations Unies, New York, http://unstats.un.org/unsd/envaccounting/seearev/CF_trans/F_march2014.pdf.

OCDE (2014a), *Green Growth Indicators 2014,* Études de l'OCDE sur la croissance verte, Éditions OCDE, Paris, doi : http://dx.doi.org/10.1787/9789264202030-en.

OCDE (2014b), *Compendium des indicateurs agro-environnementaux de l'OCDE*, Éditions OCDE, Paris, doi : http://dx.doi.org/10.1787/9789264181243-fr.

OCDE (2014c), Tendances du découplage : bilans des éléments fertilisants agricoles et production agricole, dans *Green Growth Indicators 2014*, Éditions OCDE, Paris, doi: http://dx.doi.org/ 10.1787/9789264202030-graph25-en.

OCDE (2013), "Indicateurs Agro-Environnementaux: Performance environnementale de l'agriculture 2013", *Statistiques agricoles de l'OCDE* (base de données). doi : http://dx.doi.org/10.1787/data-00660-fr.

OCDE (2010), *Gestion durable des ressources en eau dans le secteur agricole*, Études de l'OCDE sur l'eau, Éditions OCDE, Paris, doi : http://dx.doi.org/10.1787/9789264083592-fr.

OCDE (2002), *Indicators to Measure Decoupling of Environmental Pressure from Economic Growth*, document de l'OCDE en diffusion générale, SG/SD(2002)1/FINAL, Paris.

Pittman, R.W. (1983), « Multilateral Productivity Comparisons with Undesirable Outputs », *The Economic Journal*, vol. 93, n° 372, pp. 883-891.

Programme des Nations Unies pour l'environnement (PNUE) (2011), *Decoupling and Sustainable Resource Management: Scoping the Challenges*, rapport du Groupe de travail sur le découplage au Panel international pour la gestion durable des ressources. M. Swilling et M. Fischer-Kowalski.

Repetto, R., D. Rothman, P. Faeth et D. Austin (1997), « Has Environmental Protection Really Reduced Productivity », *Challenge*, vol. 40(1), pp. 46-57.

Sorrell, S. (2009), « Jevons revisited: the events for backfire from improved energy efficiency », *Energy Policy*, vol. 37, numéro 4.

Sorrell, S., J. Dimitropoulos et M. Sommerville (2009), « Empirical estimates of direct rebound effects: a review », *Energy Policy*, vol. 37, numéro 4.

Chapitre 4

Effet de l'agriculture sur le stock d'actifs naturels et la qualité environnementale de la vie

Le chapitre 4 s'intéresse au groupe d'indicateurs du stock d'actifs naturels et de la qualité environnementale de la vie. Il examine le rôle que la disponibilité et la qualité de l'eau douce, la disponibilité et la qualité de la diversité biologique et des écosystèmes, et la productivité des ressources en terres et en sols exercent sur le développement de la croissance verte dans le secteur agricole. En raison de problèmes liés aux données et à la méthodologie, il n'a pas été possible de proposer d'indicateurs permettant de rendre compte des effets de l'environnement sur la qualité de vie des individus.

Les données statistiques concernant Israël sont fournies par et sous la responsabilité des autorités israéliennes compétentes. L'utilisation de ces données par l'OCDE est sans préjudice du statut des hauteurs du Golan, de Jérusalem-Est et des colonies de peuplement israéliennes en Cisjordanie aux termes du droit international.

Le groupe d'indicateurs du ***stock d'actifs naturels*** vise à vérifier que ce stock est conservé –comme l'exige une croissance durable– car l'augmentation de la productivité risque d'aller de pair avec une aggravation des pressions sur l'environnement. Les indicateurs de ce groupe doivent être compatibles avec les indicateurs de la productivité de l'environnement et des ressources naturelles, et porter prioritairement sur les actifs naturels les plus importants pour la production agricole. Ces indicateurs varieront donc d'un pays à l'autre, en fonction du stock d'actifs naturels.

Une question méthodologique essentielle se pose : dans quelle mesure un actif peut-il en remplacer un autre ? Une augmentation de la surface destinée à la production agricole peut-elle, par exemple, compenser la perte d'une forêt naturelle ? Étant donné que de nombreux actifs ne se voient pas attribuer de prix (ou de juste prix), leur prix ne traduit pas suffisamment les préférences d'une société, ce qui conduit à leur sous-exploitation ou surexploitation.

En principe, pour élaborer les indicateurs, des prix sociaux fictifs (c'est-à-dire le coût social d'opportunité de la ressource utilisée) pourraient être estimés et servir à déterminer la valeur de l'investissement net que représente chaque actif naturel. Toutefois, dans le cas des actifs naturels tels que l'eau ou les sols, le calcul de prix sociaux fictifs n'est pas simple en raison des externalités et du manque d'informations sur les rentes dégagées des ressources. Dans de tels cas, l'évolution physique des actifs naturels pourrait constituer un point de départ, même si, en soi, elle ne renseigne guère sur les progrès vers une croissance verte. Les indicateurs de stocks et de flux des ressources naturelles et des services environnementaux doivent être complétés par des informations sur les politiques de gestion des ressources.

Tableau 4.1. Indicateurs pour suivre le stock d'actifs naturels

Thème	Indicateurs	Critères			
		Rendre compte du lien entre l'environnement et l'économie	Être faciles à communiquer à différents utilisateurs et à des publics variés	Refléter les grands enjeux environnementaux mondiaux	Être mesurables et comparables entre pays
Stocks renouvelables	Ressources en eau douce				
	Part de l'agriculture dans le total des prélèvements d'eau douce	***	**	***	*
Biodiversité et services d'écosystème	Ressources en terres				
	a) Types de couverture, reconversions et modifications de la couverture des terres				
	Tendances des terres labourables et des terres cultivées	***	***	***	***
	Tendances des pâturages permanents	***	***	***	***
	b) Ressources en sols				
	Part des terres agricoles touchées par l'érosion hydrique, classées comme exposées à un risque d'érosion modéré à grave	***	***	***	***
	Ressources en espèces sauvages				
	Indice des oiseaux des milieux agricoles	*	*	*	**

*** = élevé; ** = moyen; * = faible.

StatLink http://dx.doi.org/10.1787/888933163055

S'agissant de croissance verte, les principaux enjeux concernent la disponibilité de l'eau douce, de la diversité biologique et des écosystèmes, notamment la diversité des espèces et des habitats, ainsi que la qualité des ressources en terres et en sols. Plus particulièrement, les indicateurs suivants sont proposés.

Le groupe des indicateurs de la ***qualité environnementale de la vie*** a pour objet de cerner les effets directs de l'environnement sur la vie des personnes, en matière : i) d'exposition à divers polluants et de conséquences sur la santé ; et ii) d'accès aux services environnementaux (par exemple, l'eau, l'assainissement, les espaces verts). Les indicateurs de ce groupe doivent être choisis pour être représentatifs des risques sanitaires liés à l'environnement les plus pressants qui ont pour origine la production agricole. Cela doit être reflété dans la présentation des informations sur les aménités ou services environnementaux. Les travaux de l'OCDE relatifs aux indicateurs macroéconomiques sur la croissance verte prévoient deux indicateurs : le pourcentage de la population exposé à la pollution de l'air et le pourcentage de la population disposant d'installations sanitaires améliorées et d'installations de traitement des eaux usées (OCDE, 2014).

Toutefois, le manque de données et de gros problèmes méthodologiques empêchent de construire des indicateurs précis dans ce domaine. Les indicateurs de substitution les plus évidents pour l'agriculture se rapportent : 1) aux risques sanitaires pour les personnes exposées aux pesticides (par exemple, nombre et taux d'empoisonnements aigus causés par une exposition aux pesticides dans le cadre professionnel[1]) et 2) aux risques sanitaires auxquels les personnes sont exposées du fait de la pollution de l'eau causée par l'activité agricole. Dans les deux cas, les données sont incomplètes (OCDE, 2013). En tout état de cause, on peut penser que les problèmes de qualité environnementale de la vie liés à la production agricole ne sont cruciaux que dans certaines régions des pays membres de l'OCDE. C'est pour ces raisons qu'aucun indicateur n'est proposé sous cette rubrique.

Stocks renouvelables : eau douce

Contexte général

Le secteur agricole est le plus gros consommateur d'eau dans le monde. Les principaux enjeux consistent à garantir une gestion durable des ressources en eau dans l'agriculture (et les autres usages) en évitant leur surexploitation et leur dégradation. Le recours à des technologies plus efficientes, l'application du principe utilisateur-payeur et l'adoption d'une approche intégrée de la gestion des ressources en eau douce sont primordiaux (OCDE, 2010).

Suivi des progrès

Les indicateurs présentés ici concernent les tendances des prélèvements d'eau douce imputables à l'agriculture et leur part dans les prélèvements totaux d'eau douce.

Pour bien interpréter cet indicateur, il ne faut pas oublier qu'il est uniquement quantitatif. En outre, il s'agit d'un indicateur calculé à l'échelon national qui peut masquer de fortes variations territoriales, et il doit donc être complété par des données recueillies à l'échelon infranational. Enfin, il doit être mis en parallèle avec des indicateurs sur les taux de récupération des coûts, la productivité hydrique et la qualité de l'eau.

Mesurabilité

Les indicateurs concernant les ressources en eau dans le secteur agricole sont limités. Les données sur les ressources en eau douce peuvent provenir des comptes des ressources en eau. Elles sont disponibles pour plusieurs pays de l'OCDE, bien que les définitions et les méthodes d'estimation employées varient considérablement de l'un à l'autre et dans le temps. Un travail plus poussé s'impose pour améliorer l'exhaustivité et la cohérence historique des données sur les prélèvements d'eau, et les méthodes d'estimation pour les ressources en eau renouvelables.

Principales tendances

Globalement, les prélèvements d'eau douce du secteur agricole ont reculé dans la plupart des pays de l'OCDE sur lesquels des données sont disponibles (**graphique 4.1**). En outre, exprimés en proportion des prélèvements totaux, ils sont en déclin ces dernières années comparativement au début des années 1990. Le secteur agricole demeure malgré tout un gros consommateur d'eau et représente plus de 40 % des prélèvements totaux dans presque la moitié des pays membres de l'OCDE (OCDE, 2013).

Graphique 4.1. Prélèvements d'eau du secteur agricole dans certains pays de l'OCDE

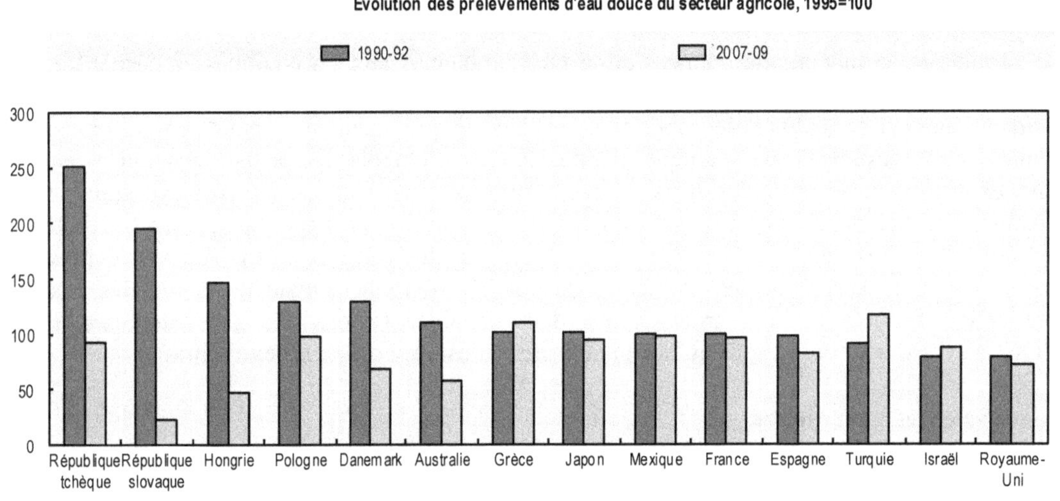

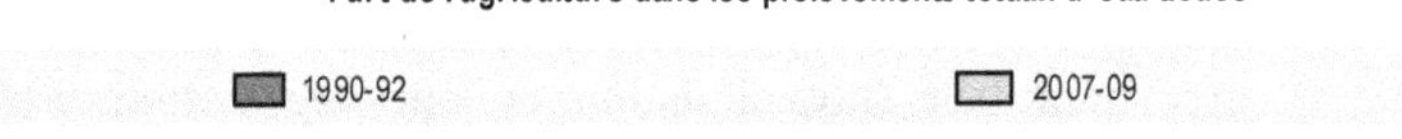

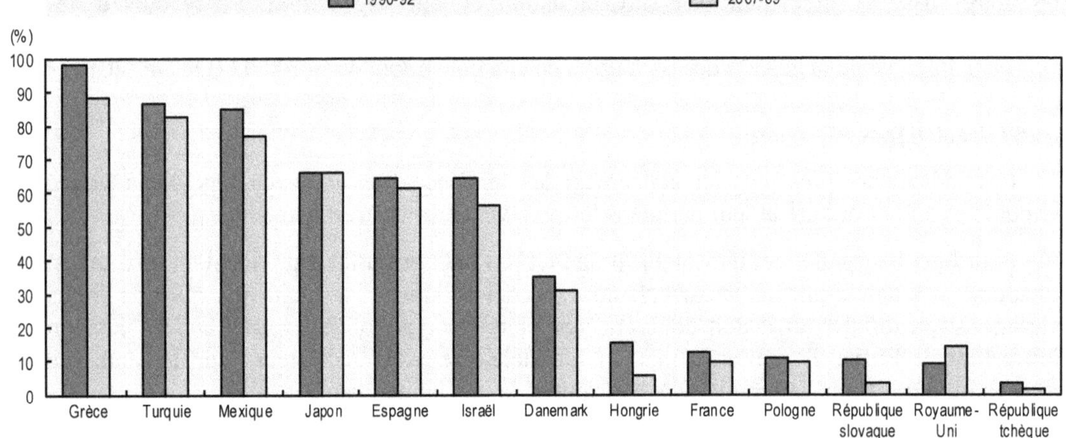

Note : 1994-95 pour la Belgique et le Mexique.

Source : OCDE (2013), "Indicateurs agro-environnementaux : performance environnementale de l'agriculture 2013", *Statistiques agricoles de l'OCDE* (base de données), doi : http://dx.doi.org/10.1787/data-00660-fr.

StatLink http://dx.doi.org/10.1787/888933162231

La diminution des prélèvements d'eau du secteur agricole dans les pays de l'OCDE au cours de la décennie écoulée est imputable à un ensemble de facteurs, notamment : la quasi-stabilité ou la diminution de la superficie irriguée (**graphique 3.12**) ; les améliorations en matière de gestion des eaux et d'efficacité des techniques d'irrigation ; la sécheresse ; l'utilisation d'eau pour répondre aux besoins de l'environnement et ; le ralentissement de la croissance de la production agricole (OCDE, 2013).

Biodiversité et écosystèmes

Contexte général

Il a été établi que la diminution de la biodiversité était l'un des problèmes environnementaux de dimension planétaire les plus alarmants et sa conservation figure parmi les grands sujets de préoccupation. L'agriculture est capitale pour préserver la biodiversité, car elle est une grande utilisatrice de terres et de ressources en eau dont certaines ressources génétiques et espèces sauvages sont tributaires.

Le mode d'utilisation et de gestion des terres agricoles influe sur la couverture du sol et sur sa qualité (teneur en éléments nutritifs et carbone stocké), se répercute sur la qualité de l'eau et de l'air, détermine les risques d'érosion, joue un rôle dans la protection contre les inondations et a un effet sur les GES. Le principal enjeu consiste à assurer une gestion durable des ressources en terres et en sols, de façon à concilier des besoins concurrents et des intérêts divergents, et à préserver les fonctions écosystémiques essentielles des sols.

Les pays de l'OCDE recourent à des mesures et approches diverses pour concilier la nécessité d'accroître la production agricole et celle de réduire les effets dommageables sur la biodiversité, en particulier sur la faune et la flore sauvages (les oiseaux, par exemple), et sur les écosystèmes (zones humides, entre autres). Par ailleurs, la plupart d'entre eux sont signataires d'accords internationaux importants dans le domaine de la préservation de l'agrobiodiversité, comme la *Convention sur la diversité biologique,* la *Convention sur la conservation des espèces migratrices appartenant à la faune sauvage* et la *Convention de Ramsar* sur la protection des zones humides.

Suivi des progrès

L'élaboration d'un indicateur approprié se heurte à un grand nombre de difficultés relatives aux données et à la méthodologie. En conséquence, les indicateurs de substitution suivants concernant l'utilisation et la couverture des sols, les ressources en sols et les ressources en espèces sauvages, sont proposés :

- *ressources en terres* : les changements d'affectation et de couverture des terres agricoles (grandes cultures, cultures permanentes et pâturages) sont des indicateurs environnementaux établis. Ils fournissent des éclairages utiles sur les utilisations concurrentes des terres et sur les pressions pesant sur la biodiversité. Bien qu'ils ne mesurent pas directement la biodiversité, ils sont considérés comme les meilleurs outils actuellement disponibles pour suivre dans leur ensemble les pressions pesant sur les écosystèmes et la biodiversité.
- *ressources en sols* : terres agricoles touchées par l'érosion hydrique, classées comme exposées à un risque d'érosion modéré à grave ;
- *ressources en espèces sauvages* : indice des oiseaux des milieux agricoles.

Les indicateurs de changements d'affectation et de couverture des terres agricoles doivent être examinés conjointement aux changements d'autres types de terres (par exemple, les forêts, les zones bâties), afin d'obtenir une image plus complète des utilisations concurrentes et des pressions potentielles pesant sur les écosystèmes et la biodiversité.

Concernant les ressources en espèces sauvages, les oiseaux peuvent être considérés comme une « espèce témoin », baromètre de la santé de l'environnement. Se situant au sommet de la chaîne alimentaire ou non loin, ils rendent compte plus vite que d'autres espèces des modifications de l'écosystème. L'indicateur proposé (« indice des oiseaux des milieux agricoles ») mesure la population d'un groupe donné d'espèces d'oiseaux nicheurs qui dépendent des terres agricoles pour la nidification ou la reproduction. En général, une diminution de cet indice signifie que l'équilibre de la population des espèces d'oiseaux évolue négativement, ce qui révèle un appauvrissement de la biodiversité. De même, une hausse de l'indice signifie que l'équilibre des espèces d'oiseaux évolue positivement, ce qui est synonyme d'une interruption de l'appauvrissement de la biodiversité. Toutefois, cet indicateur doit être interprété avec prudence étant donné qu'une hausse de l'indice des oiseaux des milieux agricoles peut certes être synonyme d'amélioration de l'état de l'environnement, mais qu'il n'en va pas systématiquement ainsi. Dans tous les cas, il est indispensable de procéder à une analyse détaillée pour interpréter correctement les tendances des indicateurs. L'évolution de l'indice composite relatif aux oiseaux des milieux agricoles peut dissimuler d'importantes variations au niveau des espèces individuelles.

Il faut garder à l'esprit que ces indicateurs ne reflètent que partiellement les conséquences de l'agriculture sur l'état de la biodiversité. En outre, lors des comparaisons entre pays, plusieurs facteurs doivent être pris en compte, tels que le niveau de développement économique, la structure de la production agricole, la structure des échanges agricoles des pays et les facteurs géographiques.

Mesurabilité

Des données sur les changements d'affectation et de couverture des terres agricoles existent pour tous les pays de l'OCDE, bien que leur qualité soit variable. Toutefois, dans le cas des surfaces non agricoles, les statistiques harmonisées à l'échelon international sur les changements d'affectation ne sont pas encore disponibles.

Des données plus ou moins complètes existent sur les espèces menacées pour tous les pays de l'OCDE. Le nombre d'espèces connues ou étudiées ne reflète pas toujours avec précision le nombre d'espèces existantes et les définitions de l'Union internationale pour la conservation de la nature (UICN) ne sont pas toujours appliquées avec la même rigueur dans tous les pays. Les données historiques ne sont généralement pas comparables ou disponibles. Il existe des indices d'abondance des populations d'oiseaux pour l'Europe, le Canada et les États-Unis.

L'indicateur sur les superficies des terres agricoles classées comme exposées à un risque d'érosion hydrique modéré à grave, fondé sur des modèles, se heurte à plusieurs contraintes, ce qui complique les comparaisons entre pays. En outre, il existe des données comparables pour uniquement huit pays de l'OCDE, et dans plusieurs pays confrontés à un problème général d'érosion ou de dégradation des sols, les données de surveillance nationales sont, dans le meilleur des cas, rarement actualisées (Australie, Espagne, Nouvelle-Zélande, Portugal et Turquie, par exemple) (OCDE, 2013). C'est la raison pour laquelle les résultats de cet indicateur n'apparaissent pas dans le rapport à ce stade.

Principales tendances

Dans presque tous les pays de l'OCDE, les superficies agricoles ont diminué sur la période 1990-2010 qu'il s'agisse des terres arables ou des cultures permanentes. Quant à la surface des prairies permanentes, qui constitue deux tiers de la surface agricole des pays de l'OCDE, elle a diminué dans la plupart d'entre eux (**graphique 4.2**). Pour l'essentiel, les terres agricoles concernées ont été affectées à la sylviculture et à l'aménagement urbain (OCDE, 2013 ; 2014). Malgré ces tendances générales, l'agriculture reste le principal usage auquel sont affectées les terres dans de nombreux pays, les surfaces agricoles représentant plus de 40 % de la superficie totale des terres dans les deux tiers des pays de l'OCDE.

Les prairies permanentes, qui représentent une part substantielle des habitats agricoles semi-naturels, ont diminué dans la plupart des pays de l'OCDE. Elles ont, pour la plupart, été converties à la sylviculture, mais aussi, dans certains pays, en grandes cultures et en cultures permanentes (par exemple en Finlande et aux Pays-Bas).

Graphique 4.2. Tendances de la couverture des terres agricoles, évolution au cours de la période 1990-2010 ou année la plus récente

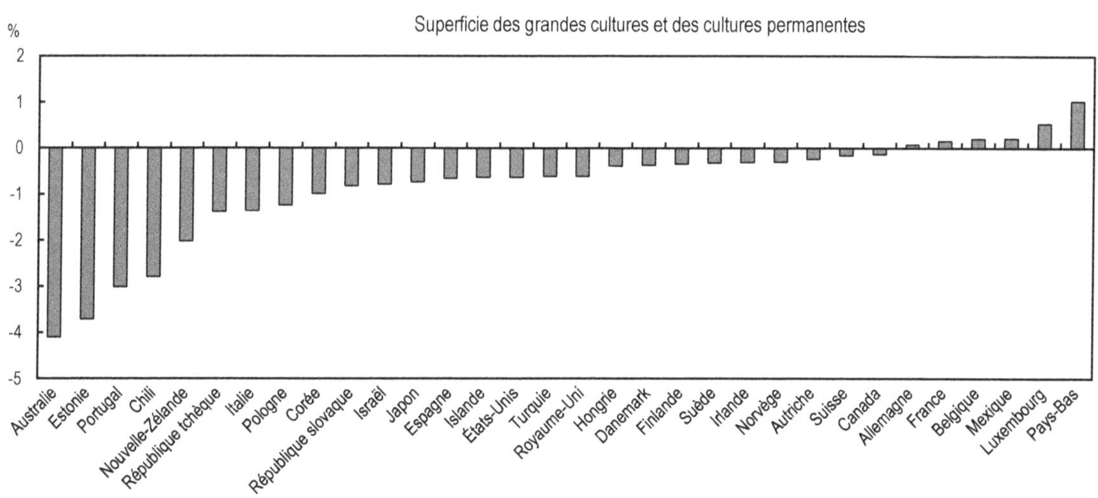

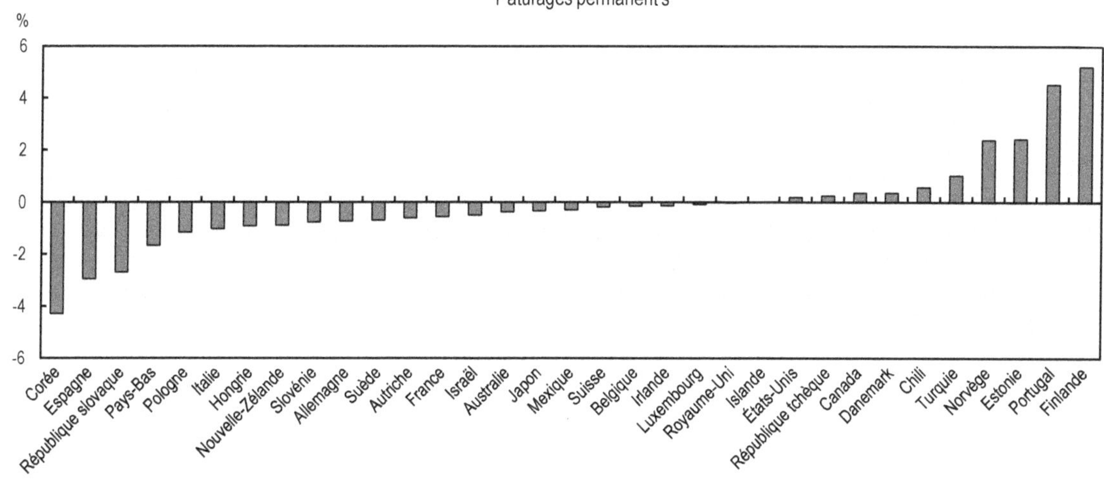

Note : Les données pour 2010 renvoient à l'année 2009 pour l'Autriche, le Canada et Israël ; à l'année 2008 pour le Chili et l'Italie.

Source : FAO, base de données *FAOSTAT*, http://faostat.fao.org/.

StatLink http://dx.doi.org/10.1787/888933162245

La tendance générale pour la zone de l'OCDE masque d'importantes différences entre pays, la superficie de pâturages permanents ayant nettement augmenté ou fortement diminué dans des pays où elle représentait une forte proportion du total des terres agricoles (Chili, dans le premier cas, par exemple, et Autriche, Nouvelle-Zélande, Pays-Bas, etc., dans le second).

Entre 1990 et 2010, les populations d'oiseaux des milieux agricoles ont affiché une tendance continue à la baisse dans presque tous les pays de l'OCDE (**graphique 4.3**). Toutefois, les conséquences de l'évolution de la surface de pâturages permanents sur les oiseaux et autres espèces sauvages vivant sur les terres agricoles ne sont pas faciles à interpréter. Les changements d'affectation des terres peuvent être difficiles à analyser en l'absence de connaissances sur leur nature et sur les pratiques de gestion adoptées après le changement. Étant donné son ampleur, la diminution de la superficie des pâturages permanents observée dans la plupart des pays de l'OCDE au cours de la décennie écoulée a vraisemblablement été parmi les facteurs du déclin des populations d'oiseaux des milieux agricoles.

Graphique 4.3. Indice des oiseaux des milieux agricoles dans certains pays

2000=100

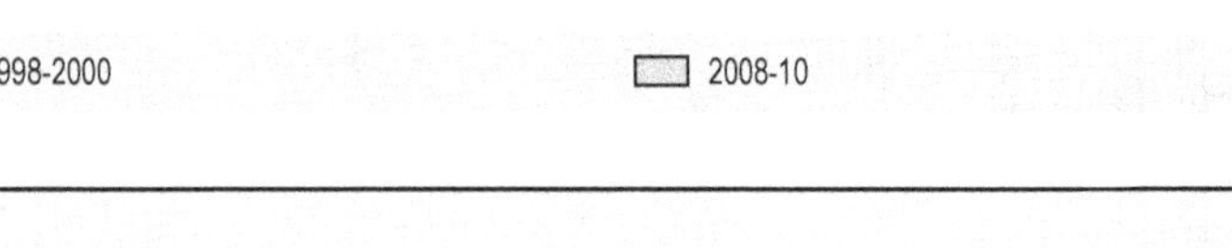

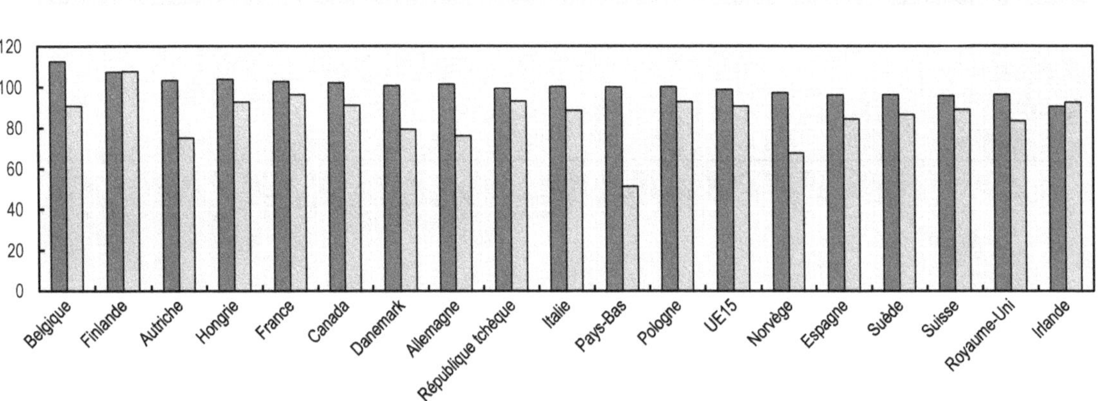

Source : OCDE (2013), "Indicateurs agro-environnementaux : performance environnementale de l'agriculture 2013", *Statistiques agricoles de l'OCDE* (base de données), doi : http://dx.doi.org/10.1787/data-00660-fr.

StatLink http://dx.doi.org/10.1787/888933162258

Ce rapport ne présente qu'une évaluation incomplète des changements d'affectation des terres opérés aussi bien entre les usages agricoles et d'autres usages (par exemple espaces boisés, usages urbains) qu'au sein du secteur agricole (entre pâturages et grandes cultures, par exemple) en raison du manque de données. Il n'a pas été possible de réaliser une étude exhaustive, notamment sur la gestion des différents types de terres et son influence sur la faune et la flore sauvages qui ont les terres agricoles pour habitat.

Note

1. Par exemple, consulter Minnesota Department of Health, *Acute Work-Related Pesticide Associated Illness and Injury Reported to Poison Control Centers,* http://www.health.state.mn.us/divs/hpcd/cdee/occhealth/indicators/pesticide.html.

Bibliographie

OCDE (2014), *Green Growth Indicators 2014*, Études de l'OCDE sur la croissance verte, Éditions OCDE, Paris, http://dx.doi.org/10.1787/9789264202030-en.

OCDE (2013), "Indicateurs Agro-Environnementaux : Performance environnementale de l'agriculture 2013", *Statistiques agricoles de l'OCDE* (base de données). doi: http://dx.doi.org/10.1787/data-00660-fr.

OCDE (2010), *Gestion durable des ressources en eau dans le secteur agricole*, Études de l'OCDE sur l'eau, Éditions OCDE, Paris, doi : http://dx.doi.org/10.1787/9789264083592-fr.

Chapitre 5

Suivi de l'action publique et des opportunités économiques dans l'agriculture

La catégorie d'indicateurs présentée dans ce chapitre a pour objet d'identifier l'efficacité avec laquelle l'action publique favorise la croissance verte et les opportunités économiques qui découlent de cette croissance. Ces indicateurs sont aussi censés contribuer à mettre en évidence les synergies possibles et les arbitrages à opérer entre différents objectifs des pouvoirs publics, et entre objectifs de croissance verte.

Les données statistiques concernant Israël sont fournies par et sous la responsabilité des autorités israéliennes compétentes. L'utilisation de ces données par l'OCDE est sans préjudice du statut des hauteurs du Golan, de Jérusalem-Est et des colonies de peuplement israéliennes en Cisjordanie aux termes du droit international.

Cette grande catégorie d'indicateurs a pour objet de décrire l'efficacité avec laquelle l'action publique favorise la croissance verte et les opportunités économiques qui découlent de cette croissance. Elle est censée contribuer à mettre en évidence les synergies possibles et les arbitrages à opérer entre différents objectifs des pouvoirs publics, et entre objectifs de croissance verte. Elle comprend deux types d'indicateurs : i) les politiques intéressant la croissance verte et ii) les opportunités économiques créées par la croissance verte. Dans le cadre de l'OCDE sur le suivi des progrès vers la croissance verte, ces questions sont traitées ensemble, car elles peuvent concerner tous les éléments du cadre sur la croissance verte : stock d'actifs naturels, productivité et qualité environnementale de la vie.

Caractériser les indicateurs relevant de ce groupe est peut-être la tâche la plus problématique. Un large éventail d'opportunités et de mesures est envisageable, dont : les transferts publics, les prix, la fiscalité, les réglementations, les technologies, l'innovation, les méthodes de gestion, la formation et le développement des compétences. Ces domaines thématiques sont plus ou moins importants selon les pays.

S'agissant de l'action publique, les indicateurs doivent rendre compte des mesures répertoriées dans la *Boîte à outils pour la croissance verte* dans le secteur de l'alimentation et de l'agriculture (OCDE, 2013a ; **tableau 5.1**). La base de données de l'OCDE sur les Estimations du soutien aux producteurs et aux consommateurs (ESP/ESC) contient des données et indicateurs abondants sur plusieurs mesures de soutien à l'agriculture qui ont un rapport direct avec la croissance verte. Cette base peut être utilisée, par exemple, pour construire des indicateurs visant à déterminer si les mesures de soutien à l'agriculture sont plus bénéfiques à l'environnement qu'auparavant ou au contraire plus préjudiciables, et à quel degré. Elle peut aussi servir à calculer des indicateurs sur les distorsions des marchés dues aux politiques agricoles, ainsi que la part de l'investissement public dans la R-D.

Les indicateurs relatifs aux transferts publics aux producteurs doivent être complétés par des indicateurs reflétant les dispositions réglementaires prises par les pouvoirs publics pour réduire les effets négatifs de l'agriculture sur l'environnement. Ces indicateurs sont toutefois difficiles à mettre en place car leur conception se heurte à de gros écueils et les données présentent d'importantes lacunes (les informations sont souvent de nature qualitative).

La définition d'indicateurs sur les opportunités économiques créées par la croissance verte est peut-être la plus problématique, non seulement du point de vue de la disponibilité des données, mais aussi sur le plan théorique. Les principales opportunités en question concernent : i) le développement technologique et l'innovation qui, comme nous l'avons déjà signalé, sont des facteurs essentiels de la croissance et de la productivité dans l'agriculture, et sont indispensables pour que le secteur agricole devienne sobre en carbone et utilise les ressources avec efficience ; et ii) l'entrepreneuriat, la formation et le développement des compétences verts. Tous ces facteurs favorisent l'adoption par les agriculteurs d'innovations qui limitent les effets préjudiciables de la production agricole sur l'environnement (à commencer par la lutte intégrée contre les ennemis des cultures, les systèmes de gestion intégrée des éléments nutritifs et l'agriculture de conservation/sans travail du sol).

L'élaboration d'indicateurs de suivi des technologies et des innovations au service de la croissance verte en agriculture ne va pas de soi car il est difficile de fournir une définition sans ambiguïté de ce que l'on entend par innovation ou technologie « verte » au niveau sectoriel comme au niveau de l'ensemble de l'économie. Il n'existe pas de mesure systématique de l'impact de l'innovation sur l'économie et de l'impact des politiques sur l'innovation. Les innovations devenant de plus en plus diverses et complexes, on rencontre des difficultés croissantes pour en mesurer tous les aspects.

Tableau 5.1. Boîte à outils pour la croissance verte dans le secteur de l'alimentation et de l'agriculture

	Mesures pour promouvoir une croissance verte
Normes et réglementations environnementales	Adopter et mettre en œuvre des mesures de contrôle pour limiter l'utilisation excessive d'engrais et de produits agrochimiques. Renforcer les règles et les normes concernant l'eau, la qualité des sols et la gestion des terres. Améliorer le contrôle de l'application de la réglementation, du respect des normes et de la certification environnementales, de l'exploitation jusqu'au point de vente.
Mesures de soutien	Découpler le soutien agricole des niveaux de production et des prix. Rémunérer la fourniture de biens publics d'environnement (biodiversité, séquestration du carbone, et lutte contre les inondations et la sécheresse, par exemple) au-delà des niveaux de référence et en ciblant très précisément les résultats environnementaux[1]. Cibler les résultats environnementaux lorsque cela est possible, ou alors les pratiques de production favorables à l'environnement. Orienter l'investissement public pour cibler les technologies vertes.
Instruments économiques	Veiller à ce que les prix des intrants reflètent la rareté des ressources naturelles. Imposer des redevances/taxes sur l'utilisation d'intrants dommageables pour l'environnement. Mettre en œuvre des systèmes d'échange de droits d'usage de l'eau et de quotas d'émission de carbone. S'attaquer aux contraintes qui entravent l'action gouvernementale (gouvernance, etc.) dans les économies moins développées.
Mesures commerciales	Abaisser les obstacles tarifaires et non tarifaires au commerce de produits alimentaires et agricoles en gardant à l'esprit les retombées potentielles pour l'environnement, notamment la biodiversité et l'utilisation durable des ressources. Éliminer les subventions à l'exportation et les restrictions applicables aux produits agricoles. Soutenir les marchés performants des intrants et des produits.
Recherche et développement	Renforcer la recherche publique sur les systèmes alimentaires et agricoles durables. Promouvoir la R-D agricole privée en octroyant des subventions et des crédits d'impôts. Mettre en place des partenariats public/privé de recherche sur les pratiques agricoles écologiques.
Aide au développement	Accroître l'aide au développement pour les initiatives écologiquement viables, dans le secteur de l'alimentation et de l'agriculture. Accorder une plus large place à l'agriculture dans les Stratégies de réduction de la pauvreté. Allouer plus de fonds à l'agriculture dans les projets d'Aide pour le commerce.
Information, éducation, formation et conseil	Mieux sensibiliser le public aux modes de consommation plus durables, par exemple via l'éco-étiquetage et la certification. Ménager une place aux approches durables dans les programmes de formation, d'éducation et de conseil dans toute la filière agroalimentaire.

Source : OCDE (2013), *Moyens d'action au service de la croissance verte en agriculture*, Études de l'OCDE sur la croissance verte, Éditions OCDE, Paris, doi : http://dx.doi.org/10.1787/9789264204140-fr.

Par ailleurs, les indicateurs classiques n'appréhendent qu'une partie du processus d'innovation. Les indicateurs d'intrants, par exemple, mesurent les investissements dans l'innovation, tels que les dépenses et effectifs de R-D. Parmi les mesures de la production figurent le nombre de publications et de citations dans les revues scientifiques, ou le nombre de brevets déposés. Cependant, les brevets sont davantage un indicateur d'invention que d'innovation puisque tous les brevets ne sont pas commercialisés et que certains types d'innovations ne sont pas brevetables dans le secteur agricole. Pour ce qui est des indicateurs bibliographiques, leurs limites sont évidentes.

De plus, les données sur le niveau de technologie et d'innovation en agriculture, tel que mesuré par les indicateurs classiques (comme les dépenses consacrées aux technologies vertes), et sur le nombre de brevets ne sont pas disponibles pour la plupart des pays. En général, les aspects touchant à l'innovation et aux investissements verts en agriculture ne sont pas correctement reflétés par les indicateurs actuels et les travaux à ce sujet doivent être approfondis.

De même, comme les indicateurs de la création d'« emplois verts » soulèvent des problèmes d'ordre conceptuel, ils ne font pas partie des indicateurs phares de la croissance verte de l'OCDE. Par exemple, un indicateur de la création d'emplois imputable aux technologies vertes (technologies des énergies renouvelables, par exemple) doit tenir compte de l'ensemble des effets sur l'emploi (directs et indirects)[2]. D'une manière générale, on considère que ce domaine est celui qui laisse le plus à désirer en termes de disponibilité des données et d'indicateurs quantifiables pertinents.

Sans perdre de vue les considérations ci-dessus, des indicateurs sont proposés au sujet des grandes thématiques suivantes en rapport avec la croissance verte (**tableau 5.2**) :

- *Transferts, fiscalité et prix* qui transmettent des signaux utiles aux producteurs et aux consommateurs, et permettent d'internaliser les externalités et d'influer sur les comportements des participants au marché pour favoriser des évolutions plus respectueuses de l'environnement.
- *Investissement dans le capital humain* qui facilite l'adoption et la diffusion des technologies et des connaissances, et contribue à la réalisation des objectifs de croissance économique et de protection de l'environnement.
- *Technologie et innovation* qui sont des facteurs importants de croissance et de productivité en général, et de croissance verte en particulier.

Suivi de l'action publique

Contexte général

L'une des principales difficultés, pour mener à bien le projet de croissance verte, est de faire en sorte que tous les coûts associés à l'activité économique soient pris en compte dans les décisions des producteurs et des consommateurs (c'est-à-dire qu'ils soient internalisés au moyen des prix ou d'un autre mécanisme). Les gouvernements ont à leur disposition tout un arsenal de mesures qui peuvent influer sur la productivité et la performance environnementale de l'agriculture.

Les mesures de transfert (ou de soutien) direct ou indirect en faveur de l'agriculture ont depuis longtemps leur place dans les politiques publiques des pays de l'OCDE. Ces transferts viennent s'ajouter à un large éventail de réglementations qui s'appliquent soit à ce secteur uniquement, soit à toute l'économie. Les instruments fondés sur le marché comme les taxes, les redevances ou les systèmes de permis échangeables ne sont pas autant utilisés dans l'agriculture que dans certains autres secteurs (les transports, par exemple) pour favoriser une croissance verte.

L'enjeu consiste à trouver des moyens efficaces par rapport aux coûts de comptabiliser les externalités environnementales qui ne sont pas prises en compte par les producteurs et les consommateurs dans leurs décisions. Cela suppose de prendre au moins trois séries de mesures : supprimer les transferts qui faussent les décisions de production et les courants d'échanges et portent atteinte à l'environnement (ou accentuent les pressions sur les ressources naturelles) ; appliquer le principe pollueur-payeur ; trouver des moyens d'inciter les producteurs à fournir des services (avantages) économiques et environnementaux. Les types de mesures de transfert qui risquent de faire le plus obstacle à l'amélioration de l'efficience économique (donc à la réalisation du potentiel de croissance) et à l'amélioration de la performance environnementale doivent être la première cible des réformes en faveur de la croissance verte.

Suivi des progrès

Les indicateurs proposés sont les suivants :

- évolution des formes de soutien aux producteurs susceptibles d'être les plus préjudiciables à l'environnement ;
- évolution du niveau et de l'importance relative des taxes liées à l'environnement dans l'agriculture (%) ;
- prix de l'eau et récupération des coûts.

La place qu'occupent dans l'ensemble du soutien les formes susceptibles d'être les plus préjudiciables à l'environnement, la composition des taxes liées à l'environnement dans l'agriculture (énergie, transports, pollution et ressources) et les taux effectifs d'imposition de l'énergie sont proposés en guise d'indicateurs complémentaires. En outre, l'indicateur relatif aux formes de soutien susceptibles d'être les plus préjudiciables à l'environnement doit être mis en regard avec les indicateurs du niveau du soutien total aux producteurs, et l'indicateur concernant la contribution de l'agriculture aux recettes des taxes liées à l'environnement avec les indicateurs des émissions de GES. Les formes de soutien aux agriculteurs susceptibles d'être les plus préjudiciables à l'environnement sont les suivantes (OCDE, 2013a) :

- soutien des prix du marché ;
- paiements versés au titre de la production de produits de base, sans contraintes environnementales sur les pratiques agricoles ;
- paiements versés au titre de l'utilisation d'intrants variables, sans contraintes environnementales sur les pratiques agricoles.

Tous les ans depuis le milieu des années 1980, le Secrétariat de l'OCDE mesure, dans le cadre du suivi et de l'évaluation de l'évolution des politiques agricoles, le niveau et la composition du soutien (transferts monétaires) associé aux politiques agricoles menées dans les pays de l'OCDE (et, de plus en plus, également dans les économies non membres), en s'appuyant sur une méthode normalisée. La classification du soutien en différentes catégories repose sur les modalités de mise en œuvre des mesures, et non sur leurs objectifs ou leurs incidences.

Tableau 5.2. Indicateurs pour suivre les politiques de croissance verte et les opportunités

Sujet	Indicateurs	Critères			
		Établir le lien entre l'environnement et l'économie	Faciliter la communication pour les utilisateurs et publics divers	Rendre compte des questions environnementales mondiales primordiales	Être mesurable et comparable entre les pays
Mesures prises par les pouvoirs publics	Transferts publics aux producteurs				
	Évolution des formes de soutien aux producteurs susceptibles d'être les plus préjudiciables à l'environnement	***	***	***	***
	Taxes liées à l'environnement dans l'agriculture				
	Part de l'agriculture dans les taxes sur l'énergie	***	***	***	**
	Part de l'agriculture dans les taxes sur le transport	***	***	***	**
	Part de l'agriculture dans les taxes sur la pollution	***	***	***	**
	Taux effectif d'imposition de l'énergie dans l'agriculture	***	***	***	**
	Prix de l'eau et récupération des coûts	***	***	***	**
	Indicateurs complémentaires				
	Évolution du soutien total aux agriculteurs	**	***	**	***
	Évolution des formes de soutien aux producteurs susceptibles d'être les plus bénéfiques à l'environnement	***	***	**	***
Opportunités économiques	Moyens donnés aux gens pour innover				
	Agriculteurs ayant reçu une formation à leur métier	***	***	s.o.	**
	Évolution des paiements au titre de la formation et de l'enseignement agricoles	***	***	s.o.	***
	Indicateurs complémentaires				
	Structure par âge du monde agricole (proportion d'agriculteurs jeunes et âgés dans le total)	**	***	s.o.	***
	Proportion d'agriculteurs ayant suivi un enseignement supérieur	**	***	s.o.	**
	Aide technique à la protection de l'environnement	**	***	**	**
	Investissement dans l'innovation verte				
	Évolution des paiements au titre de la R-D agricole en proportion du soutien total à l'agriculture	**	***	s.o.	*
	Part de l'innovation verte agricole (brevets) dans l'innovation verte totale (brevets intéressant la croissance verte)	***	***	***	**
	Indicateurs complémentaires				
	Part des paiements au titre de la R-D agricole en proportion du soutien total à l'agriculture	***	***	*	***
	Part de la R-D (privée et publique) en agriculture dans les dépenses totales de R-D	***	***	*	**

*** = élevé ; ** = moyen ; * = bas ; s.o. = sans objet.

StatLink http://dx.doi.org/10.1787/888933163061

Il convient de souligner que ni l'ESP totale, ni sa composition en termes de catégories de mesures n'indiquent l'impact effectif d'une politique sur la production et les marchés (OCDE, 2013a). À l'évidence, les impacts effectifs (*a posteriori*) dépendent des nombreux facteurs qui déterminent le niveau global de réactivité des agriculteurs aux modifications apportées aux mesures – notamment aux contraintes visant la production. Par exemple, s'il est exact que les mécanismes de soutien des prix du marché et les paiements au titre de la production sont potentiellement les plus nuisibles pour l'environnement, leur caractère réellement dommageable dépend de toute une série d'autres facteurs, comme l'application ou non de quotas de production, de mesures rigoureuses d'écoconditionnalité ou de réglementations agroenvironnementales sans rapport avec les aides. De la même manière, les paiements au titre de la superficie, du nombre d'animaux, des recettes et du revenu, et les paiements au titre de droits antérieurs peuvent être neutres pour l'environnement, mais ils peuvent aussi être dommageables – ou bénéfiques – en fonction des caractéristiques des dispositifs ou des réglementations (OCDE, 2013a).

Des informations sur les taxes liées à l'environnement sont disponibles dans la base de données OCDE-AEE sur les instruments employés dans la politique de l'environnement et la gestion des ressources naturelles (www2.oecd.org/ecoinst/queries/). L'AIE fournit des informations sur les taxes sur l'énergie. EUROSTAT publie également des données sur les taxes liées à l'environnement par activité économique, en appliquant le cadre du SCEE aux pays européens au niveau de la NACE Rev. 2 (les données englobent la sylviculture). Les données sur les taxes appliquées portent uniquement sur les prélèvements effectués à l'échelon fédéral.

Mesurabilité

Comme nous l'avons déjà indiqué, les données sur les indicateurs des transferts publics bénéficiant aux producteurs dans les pays membres de l'OCDE et dans certains pays non membres sont publiées chaque année par l'Organisation (base de données sur les ESP/ESC). Dans le cas de l'Union européenne, les données renvoient à l'UE dans son ensemble ; il n'y a pas de données sur les différents États membres de l'UE.

Le *Cadre central du système de comptabilité environnementale et économique* (SCEE) donne une définition des taxes liées à l'environnement (Nations Unies, 2014). Dans ce système, c'est la base d'imposition qui détermine si un impôt a un caractère environnemental. Plus précisément, une taxe environnementale est une taxe dont la base d'imposition est une unité physique (ou une variable de substitution) dont les répercussions préjudiciables sur l'environnement sont établies avec exactitude[3]. Le Cadre central du SCEE répartit les taxes environnementales en quatre catégories :

- *Taxes sur l'énergie :* taxes sur les produits énergétiques utilisés à des fins de transport ou dans des installations fixes (carburants, gaz naturel, charbon et électricité).
- *Taxes sur les transports :* taxes liées à la propriété et à l'utilisation des véhicules à moteur.
- *Taxes sur la pollution :* taxes sur les émissions mesurées et estimées dans l'atmosphère et dans l'eau, ainsi que sur la production de déchets solides. Les taxes sur le carbone font exception : elles sont comprises dans les taxes sur l'énergie. Les taxes sur le soufre sont comprises dans cette catégorie.
- *Taxes sur les ressources :* comprend en règle générale les taxes sur le prélèvement d'eau, l'extraction de matières premières et d'autres ressources (par exemple, le sable et les graviers).

Les taux effectifs d'imposition de l'énergie sont tirés d'une étude récente de l'OCDE (OCDE, 2013c). Celle-ci présente pour la première fois une analyse comparative systématique de la structure et du niveau des taxes sur l'utilisation d'énergie dans la totalité des pays de l'OCDE. Elle donne aussi les taux effectifs des taxes sur l'utilisation d'énergie par référence, à la fois, au contenu énergétique et aux émissions de carbone, pour l'ensemble des sources et des utilisations de l'énergie dans chaque pays. Les quantités de carburants et combustibles sont exprimées en valeur énergétique (unité : gigajoule – GJ), pour indiquer que le point commun entre tous les produits en question réside dans le fait qu'ils constituent des sources d'énergie. Les quantités des différentes sources d'énergie sont exprimées en émissions de carbone dues à leur utilisation (en tonnes de CO_2).

En ce qui concerne les prix de l'eau, les données font souvent défaut, ce qui empêche de comparer les tendances entre pays et dans le temps. Il n'existe pas de données complètes sur les prix de l'eau et la récupération des coûts. Globalement, ce volet du suivi de la croissance verte est considéré comme celui dans lequel la disponibilité des données et les indicateurs quantifiables pertinents sont les plus lacunaires.

Principales tendances

Transferts publics aux producteurs

Les pays membres de l'OCDE mènent une action concertée pour réduire la place accordée aux formes de soutien à l'agriculture les plus préjudiciables à l'environnement. Ils sont ainsi parvenus à les ramener de 85 % du total en 1990-92 à 49 % en 2010-12 (**graphique 5.1**). C'est en Australie et dans l'Union européenne que ce type de soutien a le plus diminué (**graphique 5.2**). Il n'a augmenté, en proportion du total, qu'en Nouvelle-Zélande, ce qui s'explique par le fait que ce pays affiche toujours le niveau de soutien le moins élevé (l'estimation du soutien aux producteurs en pourcentage s'y établit à 1 %) et que l'agriculture y obéit aux signaux du marché[4].

Graphique 5.1. Évolution du soutien aux producteurs en fonction de ses effets potentiels sur l'environnement dans la zone de l'OCDE

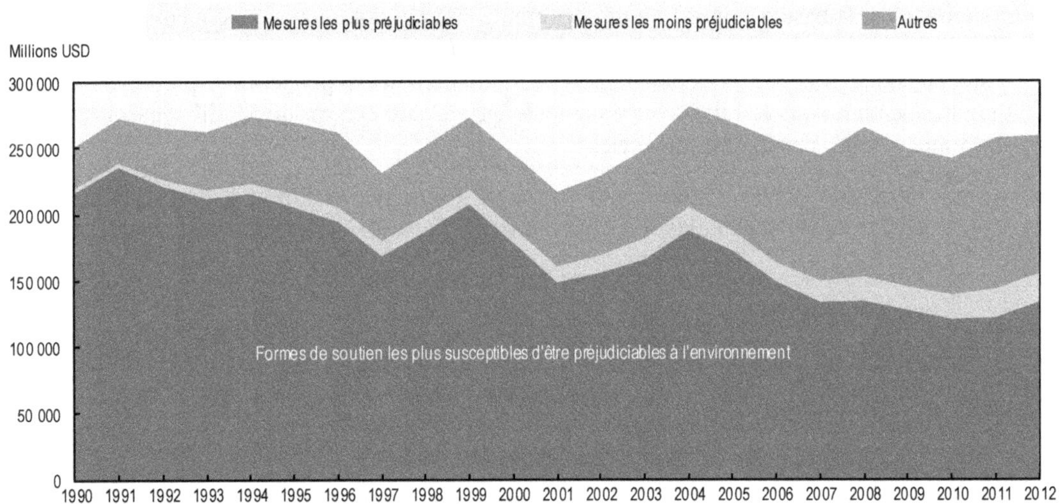

Source : OCDE (2013), *"Estimations du soutien aux producteurs et aux consommateurs", Statistiques agricoles de l'OCDE (base de données)*, doi : http://dx.doi.org/10.1787/agr-pcse-data-fr.

StatLink http://dx.doi.org/10.1787/888933162267

Bien que certains pays aient pris des mesures sans ambigüité pour découpler le soutien du niveau de la production et des prix, d'autres n'ont pas encore commencé à s'attaquer à ce problème. Les formes de soutien susceptibles d'être les plus bénéfiques à l'environnement gagnent du terrain en proportion du soutien total aux producteurs, mais, en moyenne, elles n'en représentent que 8 % dans la zone de l'OCDE[5].

Taxes environnementales

Les taxes environnementales (ou prélèvements environnementaux) sont des mesures prises par les pouvoirs publics pour percevoir un impôt lié à une pollution ou à une dégradation de l'environnement. Elles englobent les taxes sur les intrants (ou les produits) agricoles pouvant être à l'origine d'un dommage écologique. Dans la mesure où elles influencent le comportement des producteurs et des consommateurs, elles constituent un instrument puissant à l'aide duquel les pouvoirs publics peuvent internaliser les externalités environnementales de l'activité économique (« les faire payer ») et percevoir des recettes. Certaines taxes, par exemple, modifient les prix relatifs de différentes formes d'énergie et donc la structure de la consommation d'énergie, ce qui a des conséquences économiques et environnementales importantes. Elles ont aussi des répercussions sur le revenu net et des effets redistributifs importants.

Seul un petit nombre de pays appliquent des taxes et des redevances sur les intrants agricoles pour s'attaquer aux problèmes environnementaux dans l'agriculture. Ces prélèvements frappent principalement des produits chimiques portant atteinte à l'environnement, comme ceux qui sont contenus dans les engrais et les pesticides. Ils illustrent les problèmes concrets que soulève la mesure des indicateurs : alors que, dans d'autres secteurs, la pollution peut normalement être mesurée à un endroit précis, dans l'agriculture, elle est beaucoup plus diffuse, car elle provient de nombreuses exploitations différentes et n'est pas partout aussi intense.

Les taxes liées à l'environnement appliquées à l'agriculture (sylviculture comprise) augmentent dans tous les pays sur lesquels il existe des données, mais leur contribution aux recettes de la totalité des taxes de ce type est inférieure à 5 % dans tous les pays qui les déclarent (**graphique 5.3**). Si l'on s'intéresse à la contribution des différents éléments, on constate que les recettes totales des taxes sur l'énergie et les transports sont inférieures à 6 % dans tous ces pays. Pour la pollution, elles sont comprises entre 7 % et 10 % dans deux pays, et inférieures à 1 % dans les sept pays restants (**graphique 5.4**). Il convient de noter que, si le secteur agricole acquitte environ 6 % des taxes sur l'énergie en moyenne dans la zone de l'OCDE, il représente 8 % des émissions nettes de GES de l'ensemble de l'économie.

Dans l'agriculture, les taxes sur la consommation d'énergie sont de loin les prélèvements environnementaux qui procurent les recettes les plus importantes. En 2010, elles ont représenté plus de 90 % des recettes des taxes environnementales prélevées dans ce secteur (par exemple en Autriche, en Espagne, en Italie et en République tchèque). Le **graphique 5.5** indique, pour chaque pays (économie dans son ensemble et agriculture), le taux effectif moyen global d'imposition, après pondération, de l'énergie (à gauche) et des émissions de CO_2 imputables à la consommation d'énergie (à droite). Que ce soit à l'échelle de l'économie dans son ensemble ou à celle du secteur agricole, le niveau d'imposition de l'énergie est globalement très variable dans la zone de l'OCDE.

De manière générale, les taux d'imposition de la consommation d'énergie appliqués à l'ensemble de l'économie sont beaucoup plus élevés que ceux qui sont appliqués à l'agriculture. Cela est dû entre autres au fait que les combustibles et carburants utilisés dans l'agriculture sont souvent exonérés d'impôts. Ces exonérations ne donnent aucun signal au sujet des coûts externes, ce qui encourage le gaspillage. La moyenne simple des taux pratiqués dans l'agriculture est presque inférieure de moitié à celle des taux applicables dans l'ensemble de l'économie (1.81 EUR par GJ contre 3.28 EUR par GJ), même si l'écart est moins grand si l'on considère la moyenne pondérée (1.22 EUR par GJ contre 1.77 EUR par GJ). Très étendue, la gamme des moyennes nationales va néanmoins de 8.91 EUR par GJ en Irlande à zéro en Australie, au Chili, aux États-Unis et au Mexique.

Graphique 5.2. Impact potentiel sur l'environnement du soutien aux producteurs dans les pays de l'OCDE

En proportion du soutien total aux producteurs (%)

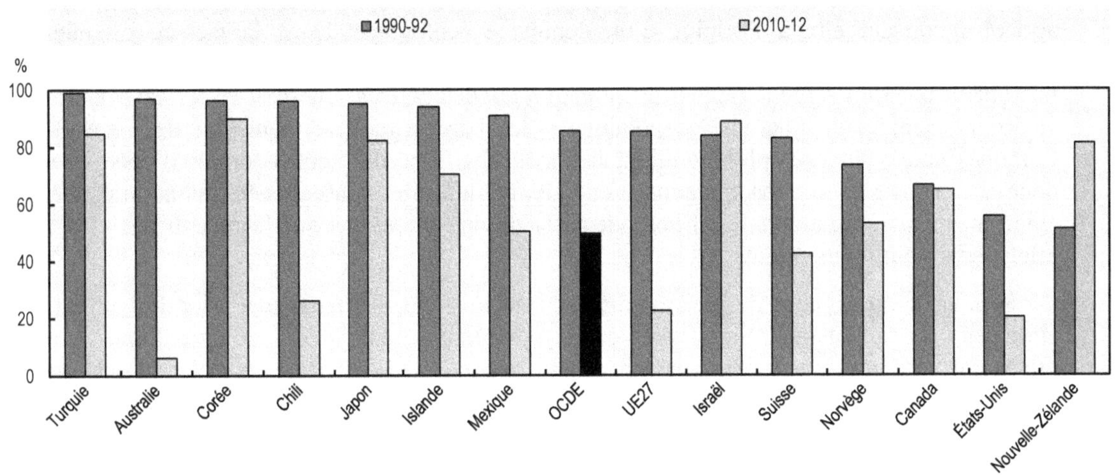

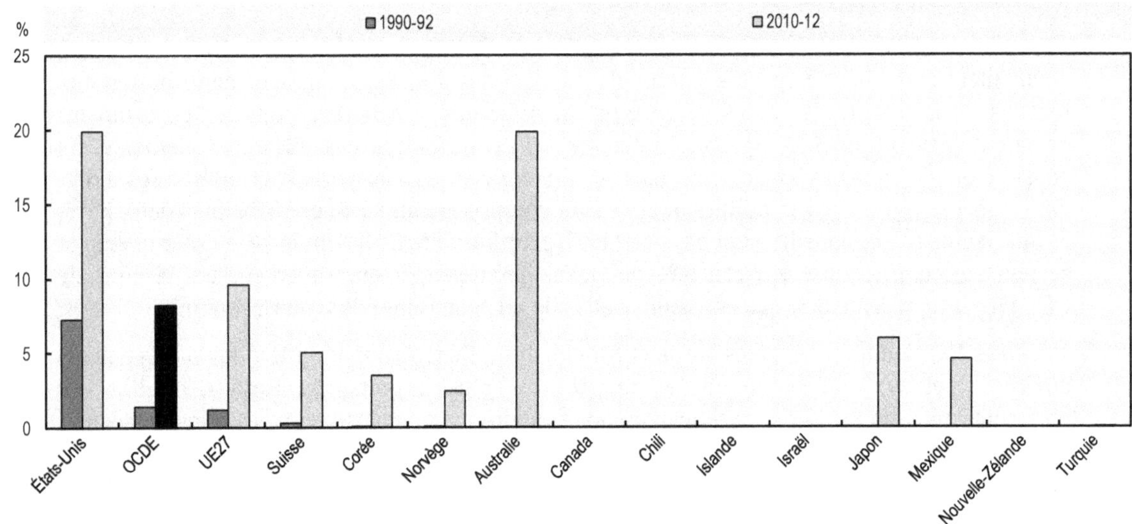

Note : 1995-97 dans le cas d'Israël, au lieu de 1990-92.

Source : OCDE (2013), "Estimations du soutien aux producteurs et aux consommateurs", Statistiques agricoles de l'OCDE (base de données), doi : http://dx.doi.org/10.1787/agr-pcse-data-fr.

StatLink http://dx.doi.org/10.1787/888933162276

Graphique 5.3. Taxes environnementales dans l'agriculture

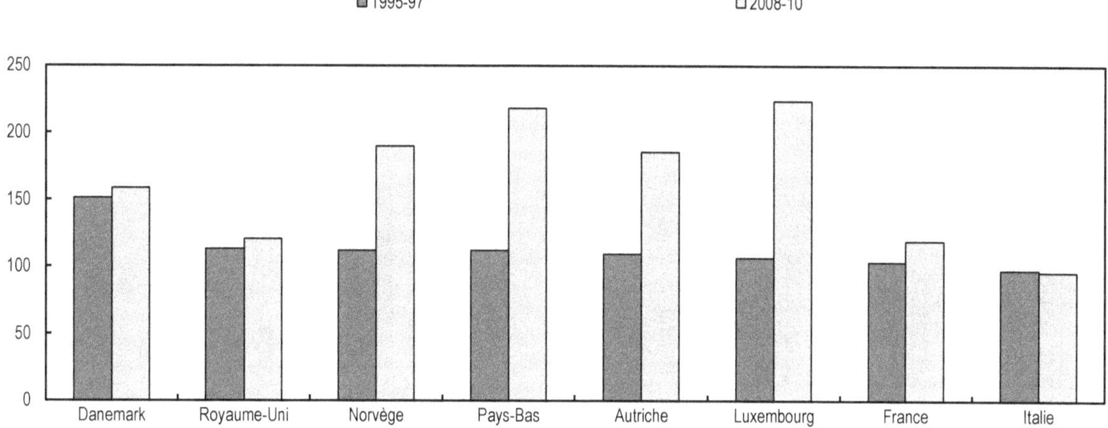

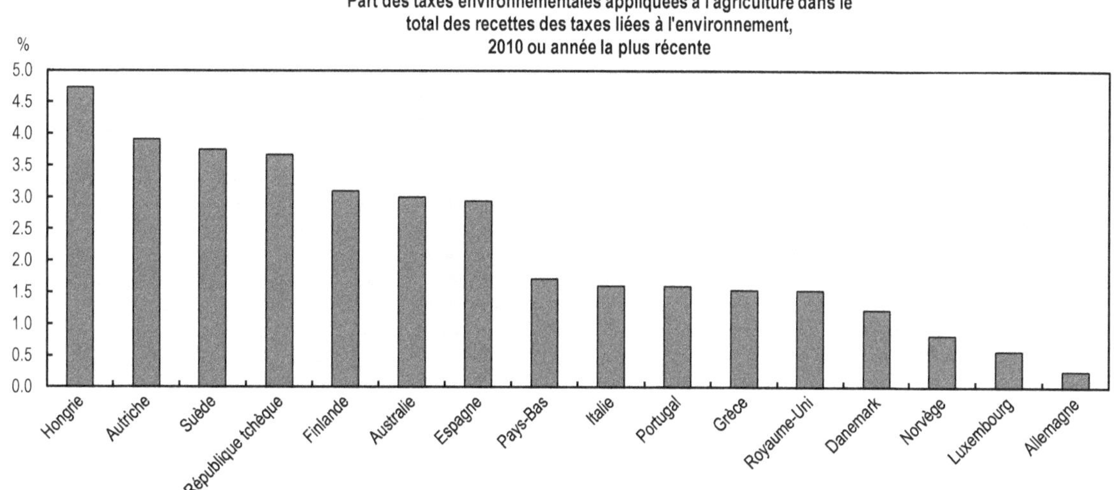

Notes : Dans le panneau du haut, au Royaume-Uni, la moyenne 1995-97 est remplacée par la moyenne 1997-99 ; au Danemark, la moyenne 2008-10 renvoie aux données de 2008. Dans le panneau du bas, les données sur le Danemark et la Finlande sont de 2008. Les données englobent la sylviculture ; NACE REV2.

Source : EUROSTAT ; Australian Bureau of Statistics (ABS) (2013), Towards the Australian Environmental-Economic Accounts, Information Paper, Canberra.

StatLink http://dx.doi.org/10.1787/888933162282

Graphique 5.4. Taxes environnementales dans l'agriculture par type : en proportion du total (%), 2010 ou année la plus récente

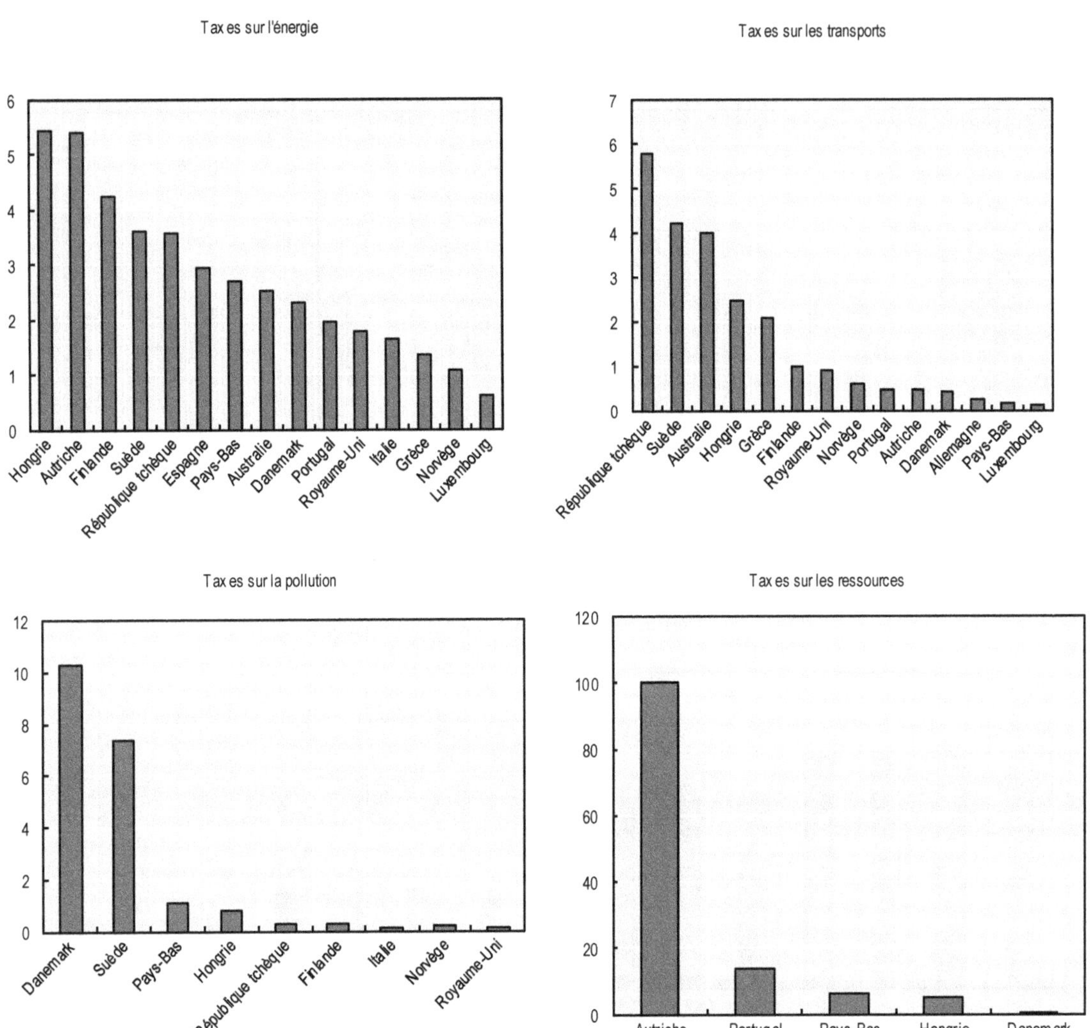

Notes : les données sur le Danemark et la Finlande sont celles de 2008. Les données englobent la sylviculture ; NACE REV2.

Source : EUROSTAT ; Australian Bureau of Statistics (ABS) (2013), Towards the Australian Environmental-Economic Accounts, Information Paper, Canberra.

StatLink http://dx.doi.org/10.1787/888933162295

Graphique 5.5. Taux d'imposition de l'énergie et des émissions de CO_2 dues à l'énergie

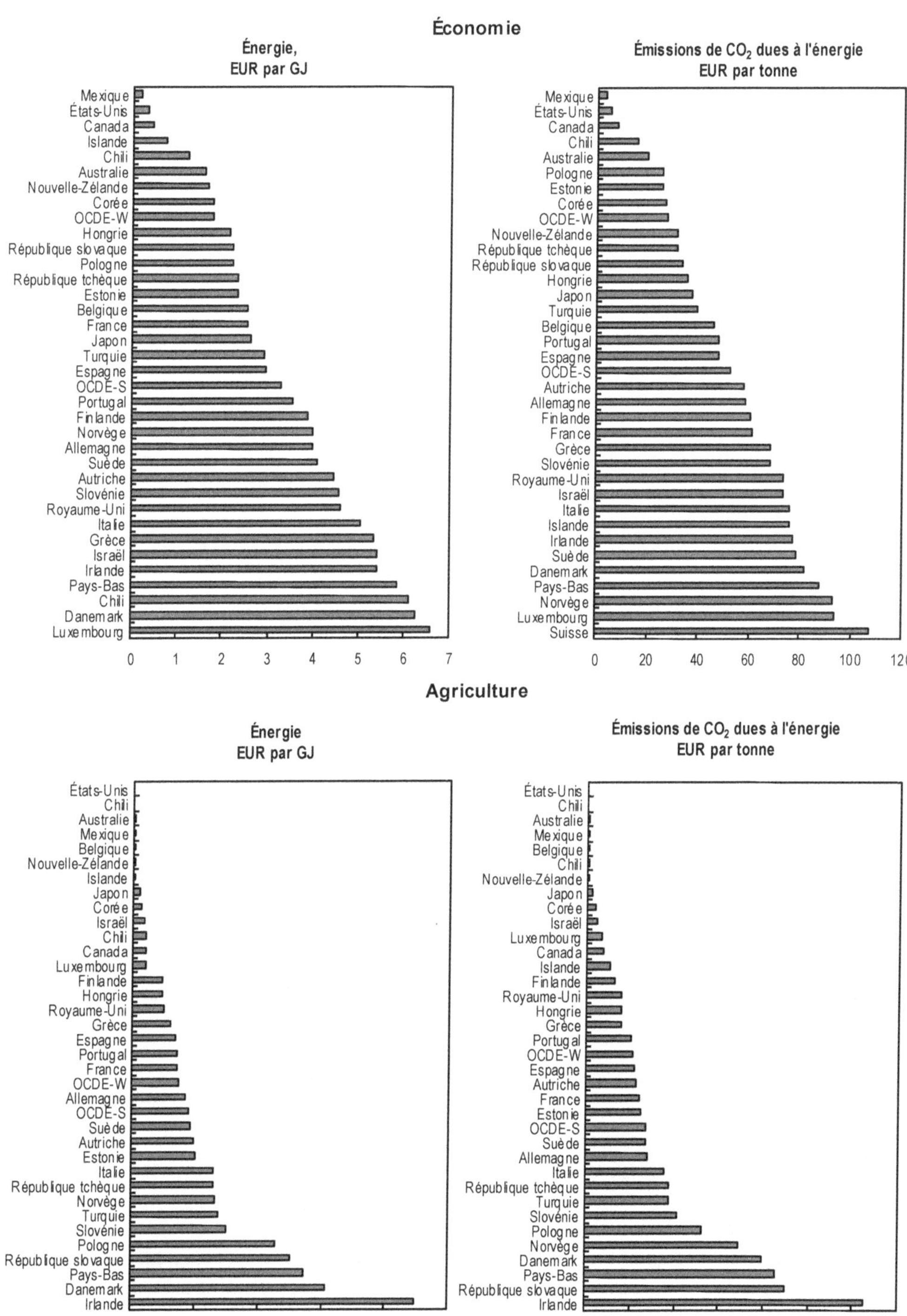

Note : Énergie : panneaux de gauche ; CO_2 : panneaux de droite. Les taux d'imposition sont ceux en vigueur le 1er avril 2013. Pour obtenir plus de renseignements sur la méthode, veuillez vous référer à la source. OCDE-S=moyenne simple de la zone de l'OCDE ; OCDE-W=moyenne pondérée de la zone de l'OCDE.

Source : OCDE (2013), *Taxing Energy Use: A Graphical Analysis*, Éditions OCDE, Paris, http://dx.doi.org/10.1787/9789264183933-en.

StatLink http://dx.doi.org/10.1787/888933162301

De même, les taux effectifs des taxes sur le carbone sont très variables (partie droite du **graphique 5.5**). La moyenne simple des taux appliqués dans l'agriculture est de 26.83 EUR par tonne de CO_2, et la moyenne pondérée de 20.85 EUR par tonne de CO_2. Ces moyennes sont très inférieures à celles des taux pratiqués dans l'ensemble de l'économie et culminent à 124.79 EUR par tonne en Irlande alors qu'elles sont nulles au Chili et aux États-Unis. Globalement, dans l'agriculture, les taux les plus élevés sont observés en Irlande, au Danemark, aux Pays-Bas, en République slovaque et en Norvège.

Tarification de l'eau et récupération des coûts

Compte tenu des prévisions de croissance de la demande de produits alimentaires et d'eau, et de l'aggravation des pressions dues au changement climatique, l'agriculture sera parmi les principales cibles des pouvoirs publics, car environ 70 % des prélèvements totaux d'eau douce lui sont destinés dans le monde (45 % dans les pays de l'OCDE). Les travaux de l'OCDE montrent que les redevances sur l'eau fournie aux exploitations agricoles ont augmenté dans les pays de l'OCDE (OCDE, 2010).

Souvent les agriculteurs ne financent que les coûts d'exploitation et de maintenance imputables à leur approvisionnement en eau et la part des investissements dans les infrastructures revenant à l'agriculture n'est pas récupérée ou ne l'est qu'en petite partie (**tableau 5.3**). Dans les pays où les prix de l'eau acquittés par les agriculteurs ont augmenté, il ressort des données que la production agricole n'a pas diminué pour autant. Quoi qu'il en soit, les prix de l'eau reflètent rarement la rareté et la valeur sociale de la ressource, ou les coûts et avantages environnementaux de son utilisation.

Tableau 5.3. Récupération des coûts de fourniture d'eau de surface aux exploitations agricoles, 2008

Récupération des coûts de fourniture	Pays
Récupération complète des coûts d'exploitation et de maintenance, et des frais d'investissement	Autriche, Danemark, Finlande, Nouvelle-Zélande, Royaume-Uni, Suède
Récupération complète des coûts d'exploitation et de maintenance, mais partielle des frais d'investissement	Australie, Canada, États-Unis, France, Japon,
Récupération partielle des coûts d'exploitation et de maintenance, et récupération des frais d'investissement	Espagne, Grèce, Hongrie, Irlande, Italie, Mexique, Pays-Bas, Pologne, Portugal, Suisse, Turquie
Récupération partielle des coûts d'exploitation et de maintenance, et frais d'investissement entièrement financés	Corée

Notes

La récupération complète des coûts de fourniture de l'eau aux exploitations agricoles comprend : les coûts d'exploitation et de maintenance (par exemple, entretien et réparation des infrastructures d'irrigation) et les frais d'investissement dans des équipements existants (remplacement de canaux d'irrigation, par exemple) ou nouveaux (construction de retenues, par exemple).

Les informations sur les pays membres suivants ne sont pas disponibles : Allemagne, Belgique, Islande, Luxembourg, Norvège, République slovaque, République tchèque.

Suivi des opportunités économiques

Contexte général

La capacité du secteur agricole de répondre aux besoins en produits destinés à l'alimentation humaine ou animale tout en respectant l'environnement est étroitement liée au niveau de développement technologique et à l'innovation. La forte croissance de la productivité agricole observée depuis la période d'après-guerre est due en grande partie à des évolutions technologiques, ainsi qu'à l'adoption et à la diffusion accélérée des nouvelles technologies.

La croissance verte peut constituer un nouveau cadre où inscrire la recherche et l'innovation agricoles, en mettant l'accent simultanément sur les exigences environnementales et économiques, dans l'optique d'améliorer la productivité sans pour autant compromettre le capital de ressources naturelles. Les technologies capables de contribuer à l'efficience économique du secteur agricole et d'assurer une viabilité financière aux exploitants, tout en améliorant les performances environnementales de façon acceptable pour la société, engendreront un « triple dividende » pour la croissance verte. Il s'agit avant tout de renforcer la recherche, de favoriser l'innovation et l'utilisation de nouvelles technologies de production, et d'encourager la création de marchés et l'adoption des nouvelles technologies par les consommateurs.

Suivi des progrès

Il est possible de suivre les progrès dans le domaine de la croissance verte en agriculture au moyen de variables représentatives des moyens donnés aux personnes pour innover et des investissements dans l'innovation verte. Comme le montre le **tableau 5.2**, dans la sous-catégorie des moyens donnés pour innover, les variables proposées sont les suivantes : évolution des dépenses au titre de la formation et de l'enseignement agricoles et proportion des chefs d'exploitation ayant suivi un enseignement élémentaire ou complet en agriculture. Les indicateurs complémentaires proposés sont les suivants : structure par âge du monde agricole (proportion d'agriculteurs jeunes et âgés dans le total) ; proportion d'agriculteurs ayant suivi un enseignement supérieur ; et tendances de l'aide technique à la protection de l'environnement.

Dans la sous-catégorie de l'investissement dans l'innovation verte, on peut évaluer les progrès dans le domaine de la croissance verte à l'aide de variables représentatives de l'innovation. Les dépenses (publiques et privées) de R-D et les demandes de brevets intéressant la croissance verte sont en l'occurrence les indicateurs les plus utilisés (OCDE, 2014).

Malheureusement, en ce qui concerne l'agriculture, les données sur les dépenses de R-D liée à l'environnement ne sont pas disponibles dans tous les pays et les données sur les brevets intéressant la croissance verte sont limitées. Par conséquent, les variables de substitution suivantes sont proposées :

- proportion d'agriculteurs ayant une formation agricole ;
- évolution des paiements au titre de la formation et de l'enseignement agricoles ;
- évolution des dépenses publiques de R-D dans l'agriculture ;
- évolution des demandes de brevets sur des technologies liées à l'environnement. Cela comprend les demandes de brevets en vertu du Traité de coopération en matière de brevets (PCT) concernant la gestion des déchets, la production d'énergie renouvelable et la gestion de l'eau dans l'agriculture.

Les variables de substitution complémentaires pourraient comprendre :

- crédits budgétaires publics de R-D (CBPRD) en agriculture (proportion du total) ;
- dépenses de R-D du secteur privé dans l'agriculture (proportion du total) ;
- dépenses publiques de R-D en agriculture en proportion du soutien total à l'agriculture[6].

Si l'interprétation des indicateurs proposés en ce qui concerne les moyens donnés aux personnes pour innover est assez simple, l'analyse de l'évolution des indicateurs de l'investissement dans la croissance verte doit être très prudente. Premièrement, les dépenses de R-D correspondent à un intrant qui indique le degré relatif des investissements d'une économie dans la production de connaissances nouvelles et elles ne sont pas révélatrices d'un résultat en matière de croissance verte. Deuxièmement, les comparaisons internationales doivent tenir compte des différences de structure industrielle et de capacités de recherche entre les pays : des dépenses de R-D élevées ne garantissent pas à elles seules des résultats supérieurs en innovation (OCDE, 1995).

Troisièmement, les demandes de brevet témoignent des performances des inventeurs, mais les technologies et les procédés ne font pas systématiquement l'objet de telles demandes, et les entreprises ne souhaitent pas toujours dévoiler leurs avancées technologiques en demandant des brevets. En outre, tous les brevets ne débouchent pas sur une innovation. Le développement et l'adoption de nouvelles technologies ayant des incidences positives sur la croissance verte peuvent venir de tous les secteurs de l'économie. Les indicateurs reposant sur des brevets dont il est question ici ne mesurent pas dans leur intégralité les activités d'innovation et ne font pas la distinction entre les brevets de qualité supérieure et les brevets de qualité inférieure.

Enfin, il convient de rappeler que l'étude de l'influence de la politique agricole (et de ses réformes) sur la croissance de la productivité et sur la production et la diffusion de la technologie dans le secteur agricole doit être prudente, car cette relation est complexe et l'existence d'une corrélation entre des taux de productivité et des mesures publiques n'est pas synonyme de causalité (OCDE, 1995).

Mesurabilité

Des données sur la formation et l'enseignement agricoles sont publiées par EUROSTAT (enquêtes sur la structure des exploitations agricoles) et dans le cadre des recensements agricoles nationaux. L'indicateur proposé (proportion des chefs d'exploitation ayant suivi un enseignement élémentaire ou complet en agriculture) apporte des informations sur le niveau d'instruction des chefs d'exploitation dans une région donnée. Il porte sur les dirigeants des exploitations individuelles qui ont reçu une formation élémentaire ou complète au métier d'agriculteur.

La formation agricole des chefs d'exploitation est décrite comme suit pas EUROSTAT :

- *Expérience agricole pratique uniquement :* expérience acquise par un travail pratique dans une exploitation agricole.
- *Formation agricole élémentaire :* tout cycle de formation terminé dans une école d'enseignement agricole de base et/ou dans un établissement spécialisé dans certaines disciplines (y compris horticulture, viticulture, sylviculture, pisciculture, science vétérinaire, technologie agricole et disciplines associées). Est également considéré comme formation élémentaire un apprentissage agricole mené à son terme.
- *Formation agricole complète :* tout cycle de formation à temps complet d'une durée d'au moins deux ans après la fin de la scolarité obligatoire, terminé dans une école d'enseignement agricole, école supérieure ou université dans une des disciplines suivantes : agriculture, horticulture, viticulture, sylviculture, pisciculture, science vétérinaire, technologie agricole, ou une autre discipline associée.

Des données sur les crédits publics finançant la formation et l'enseignement agricoles sont publiées dans la base de données sur les ESP/ESC de l'OCDE. Intégrées à l'estimation du soutien aux services d'intérêt général, elles peuvent sous-estimer les efforts consentis par les pouvoirs publics pour appuyer la formation et l'enseignement agricoles, car elles comprennent uniquement les transferts à la collectivité des producteurs (c'est-à-dire les transferts effectués au titre des services qui bénéficient à l'agriculture mais dont l'incidence ne se mesure pas à l'échelon de l'exploitation individuelle). Les services de vulgarisation et l'assistance technique sur l'exploitation ne sont pas pris en compte[7].

La base de données de l'OCDE sur les ESP/ESC contient également des statistiques annuelles sur les dépenses publiques de R-D et de vulgarisation destinées à l'agriculture dans les pays de l'OCDE. La base de données de l'Organisation sur *la science, la technologie et les brevets* apporte quant à elle des informations sur la R-D et les demandes de brevets. Les dépenses de R-D englobent les dépenses intérieures brutes de R-D par secteur d'activité (par exemple, l'enseignement supérieur, le secteur public, les entreprises et les institutions privées sans but lucratif) et par domaine scientifique et objectif socio-économique (environnement, énergie, etc.), ainsi que les crédits budgétaires publics de R-D (CBPRD). Des données sur les CBPRD sont disponibles pour la plupart des pays de l'OCDE, mais les données harmonisées sur les dépenses privées de R-D sont très lacunaires, de même que les microdonnées harmonisées.

Les crédits budgétaires publics de R-D (CBPRD) sont les fonds engagés par l'administration fédérale ou centrale en faveur de la R-D. Ils peuvent se décomposer en différents objectifs socio-économiques, notamment la surveillance et la protection de l'environnement. Pour de plus amples informations, veuillez-vous reporter au projet de l'OCDE sur la politique de l'environnement et la gestion au niveau de l'entreprise (www.oecd.org/env/cpe/firms).

Déterminer si une innovation a un caractère environnemental ou non est une question de degré et non de nature. L'OCDE publie des données sur les demandes de brevets faites aux termes du Traité de coopération en matière de brevets (PCT) qui intéressent la croissance verte. Plus précisément, un algorithme de recherche conçu par le Secrétariat de l'OCDE et l'Office européen des brevets (OEB) a été utilisé pour produire des données sur les demandes de brevets sur les technologies environnementales. Sont prises en compte les technologies de réduction de la pollution (lutte contre la pollution de l'air, lutte contre la pollution de l'eau et épuration des eaux usées) et de gestion, recyclage et prévention des déchets. Pour d'autres informations sur les classifications, voir www.oecd.org/fr/env/consommation-innovation/indicateur.htm

Le lien entre brevets et publications scientifiques est établi à partir d'une analyse de la « littérature non-brevet » mentionnée dans les documents de brevet. La littérature non-brevet comprend des articles de revues scientifiques à comité de lecture, les actes de conférences, des bases de données et diverses publications[8]. La sélection s'appuie sur les codes de la classification internationale des brevets. Pour plus d'informations sur les données concernant les brevets et la méthode, voir OCDE (2009), *Manuel de l'OCDE sur les statistiques des brevets* www.oecd.org/fr/science/inno/manueldelocdesurlesstatistiquesdesbrevets.htm.

À partir de ces grandes catégories, les éléments suivants ont été retenus dans le cas de l'agriculture : engrais obtenus avec des déchets et production d'énergie à partir de sources non fossiles (biocarburants et produits issus de déchets, par exemple, méthane), pour ce qui est de la production d'énergie renouvelable. En ce qui concerne les technologies ayant un potentiel d'atténuation des changements climatiques, les données sont trop agrégées et les technologies utilisables en agriculture ne peuvent pas être mises en évidence.

S'agissant des données sur les innovations vertes en rapport avec l'eau, de nouveaux travaux de l'OCDE fournissent la première analyse descriptive de l'innovation dans le secteur des technologies d'adaptation liées à l'eau et de leur diffusion internationale à l'échelle planétaire (Dechezleprêtre, Haščič et Johnstone, 2013). Cette analyse se fonde sur un ensemble de données unique comprenant plus de 50 000 brevets déposés dans 83 offices de brevets entre 1990 et 2010. Elle couvre un vaste éventail de technologies susceptibles d'améliorer l'approvisionnement en eau en période de sécheresse (collecte d'eau de pluie, captage d'eau souterraine, stockage de l'eau, dessalement, etc.) ou de réduire la consommation d'eau (maîtrise de l'eau dans le secteur agricole, cultures résistantes à la sécheresse, irrigation au goutte à goutte, économies d'eau dans la production d'électricité, recyclage de l'eau sanitaire, systèmes efficaces de distribution de l'eau, etc.). Les trois technologies liées à l'eau sont définies comme suit :

- *les cultures résistantes à la sécheresse :* mutation ou génie génétique ; ADN ou ARN dans le domaine du génie génétique, vecteurs (plasmides ou leur isolation, préparation ou purification pour l'amélioration de la résistance à la sécheresse, au froid ou au sel) ;
- *l'irrigation au goutte à goutte :* techniques d'irrigation recourant à des tuyaux perforés ou à des tuyaux équipés de systèmes de distribution, installés au-dessus du niveau du sol ; et
- *l'irrigation contrôlée :* techniques d'irrigation recourant à des tuyaux perforés installés sous le niveau du sol.

Principales tendances

Formation et enseignement

Des chefs d'exploitation plus instruits et mieux formés sont plus susceptibles d'apporter des changements fructueux aux pratiques de gestion des exploitations et d'innover davantage (Labarth et Laurent, 2009). Les résultats présentés ici ne concernent que les pays européens membres de l'OCDE (c'est-à-dire les membres de l'OCDE qui sont aussi des États membres de l'Union européenne, l'Islande, la Norvège et la Suisse). L'apprentissage sur le tas est la principale forme de formation de la majorité des agriculteurs, la plupart des chefs d'exploitation ayant acquis leur expérience par un travail pratique (**tableau 5.4**).

Dans l'Union européenne, la majorité des agriculteurs acquièrent leur expérience par un travail pratique sur une exploitation. Dans un grand nombre de cas, la formation est élémentaire, seuls 10 % des chefs d'exploitation recevant une formation agricole complète. Les pays où la proportion d'agriculteurs sans aucune formation professionnelle est la plus élevée sont la Grèce (97 %), le Portugal (88 %), la Hongrie (86 %), l'Espagne (85 %) et la Slovaquie (76 %). Par ailleurs, en 2010, seuls deux membres de l'UE et de l'OCDE (Luxembourg et République tchèque) comptaient plus de 30 % de chefs d'exploitation ayant suivi un cycle complet de formation agricole.

En ce qui concerne le soutien apporté par les pouvoirs publics à l'éducation et à la formation des agriculteurs, en moyenne, les paiements versés aux établissements d'enseignement agricole augmentent plus vite que le soutien total dont bénéficie le secteur dans la zone de l'OCDE (**graphique 5.6**). Néanmoins, cet appui représente une très petite partie du soutien total dispensé au secteur.

Le vieillissement généralisé de la population agricole est une caractéristique importante de l'évolution structurelle du secteur dans les pays de l'OCDE. Cette tendance est due à la fois au fait que peu d'agriculteurs âgés cessent leur activité et au fait que peu de jeunes agriculteurs s'installent.

Tableau 5.4. Formation et enseignement agricoles dans certains pays membres de l'OCDE (en % des chefs d'exploitation)

	Chefs d'exploitation ayant une formation agricole				Chefs d'exploitation n'ayant qu'une expérience pratique	
	Formation élémentaire		Formation complète			
	2005	2010	2005	2010	2005	2010
Autriche	19.7	22.4	28.4	25.6	51.9	52.0
Belgique	23.8	21.4	23.9	26.4	52.3	52.2
République tchèque	19.6	19.6	25.2	37.1	55.3	43.4
Danemark	39.4	43.6	5.0	5.0	55.5	51.5
Estonie	10.5	14.0	22.4	22.5	67.1	63.5
Finlande	32.7	34.8	7.9	9.2	59.4	56.0
France	11.0	28.7	43.4	21.6	45.7	49.7
Allemagne	22.9	55.2	45.6	13.3	31.5	31.4
Grèce	5.1	3.2	0.3	0.3	94.6	96.5
Hongrie	4.9	11.3	8.5	3.3	86.6	85.4
Irlande	16.9	15.1	13.8	15.9	69.3	69.0
Italie	8.2	90.8	3.1	4.2	88.8	5.0
Luxembourg	13.9	14.5	42.0	45.9	44.1	39.5
Pays-Bas	66.6	64.6	4.9	6.6	28.5	28.8
Pologne	22.2	21.3	16.3	24.6	61.5	54.1
Portugal	10.5	10.4	1.3	1.6	88.2	88.0
Slovénie	21.2	26.7	6.8	8.9	72.0	64.4
République slovaque	11.2	15.0	3.4	8.8	85.4	76.2
Espagne	9.2	13.8	1.3	1.5	89.5	84.7
Suède	15.6	12.1	17.9	18.8	66.4	69.1
Royaume-Uni	11.0	10.4	12.2	12.3	76.8	77.2
Union européenne	*14.0*	*34.5*	*12.2*	*10.4*	*73.8*	*55.0*
Islande	.	32.4	.	28.2	.	39.8
Norvège	9.0	26.7	39.2	14.9	51.8	58.4
Suisse	.	51.8	.	26.0	.	22.3

Note : Union européenne (UE) comprend seulement les États membres de l'UE qui sont aussi membres de l'OCDE.

Source: EUROSTAT (2005, 2007), *Enquête sur la structure des exploitations*, http://epp.eurostat.ec.europa.eu/portal/page/portal/agriculture/farm_structure.

StatLink http://dx.doi.org/10.1787/888933163088

Graphique 5.6. Évolution des paiements bénéficiant aux établissements d'enseignement agricole et du soutien total à l'agriculture, zone de l'OCDE

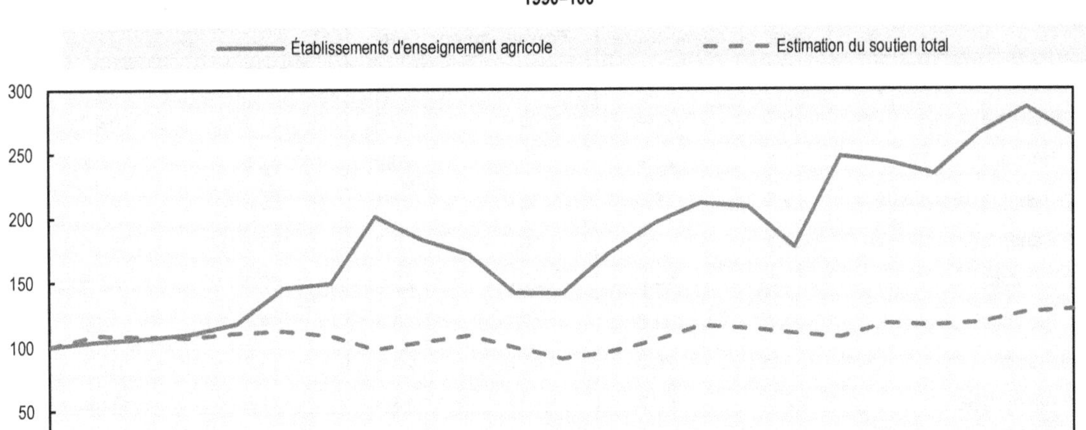

Source : OCDE (2013), "Estimations du soutien aux producteurs et aux consommateurs", Statistiques agricoles de l'OCDE (base de données), doi : http://dx.doi.org/10.1787/agr-pcse-data-fr.

StatLink http://dx.doi.org/10.1787/888933162316

Dans l'Union européenne, par exemple, le nombre total des jeunes agriculteurs diminue fortement, tandis que les effectifs d'agriculteurs âgés ne décroissent que lentement, d'où une augmentation de la proportion des agriculteurs âgés dans la main-d'œuvre agricole **(tableau 5.5)**. Il ressort de ces chiffres que les agriculteurs âgés ne partent pas en retraite et ne laissent pas leurs exploitations à la jeune génération à un rythme qui abaisserait l'âge moyen de la main-d'œuvre agricole suffisamment pour faciliter l'évolution structurelle et renforcer l'efficience et l'innovation.

Le renouvellement des générations dans l'agriculture est une condition préalable au maintien d'une production alimentaire viable et à l'amélioration de la compétitivité du secteur. De nouveaux entrants sont nécessaires pour prendre la relève des agriculteurs qui partent en retraite, pour investir dans leurs exploitations et pour les moderniser. Les jeunes agriculteurs sont mieux formés et ils affichent de meilleures performances que leurs aînés du point de vue du potentiel économique, de la taille des exploitations, de la productivité du travail et de l'adoption de pratiques agricoles respectueuses de l'environnement.

Les jeunes agriculteurs sont également plus susceptibles que les agriculteurs âgés d'avoir reçu une formation agricole complète. C'est le cas de 17 % des agriculteurs de moins de 35 ans dans l'Union européenne, alors que plus de 80 % de ceux qui ont entre 55 et 64 ans ont acquis leurs connaissances par l'expérience pratique. Attirer de nouveaux entrants de façon cohérente et massive est un enjeu majeur de l'action publique.

Tableau 5.5. Proportion d'agriculteurs jeunes et âgés dans certains États membres de l'UE

	< 35 ans					≥ 65 ans				
	1990	2000	2005	2007	2010	1990	2000	2005	2007	2010
Autriche		16	12	10	11			10		8
Belgique		11	7	6	5			20		20
République tchèque			10	10	12			17		13
Danemark	11	10	7	6	5	20		18	20	19
Estonie			7	6	7			28		28
Finlande		11	9	9	9			6		10
France	13	10	9	8	9	14		14	13	12
Allemagne		17	9	8	7			7		5
Grèce	9	9	7	7	7	25		36	36	33
Hongrie			8	8	7			27		29
Irlande		13	11	7	7			21		25
Italie	5	5	3	3	5	31		41	43	37
Luxembourg	13	11	8	5	7	14		14	14	14
Pays-Bas	11	7	5	4	4	14		17	18	18
Pologne			13	12	15			17		8
Portugal	7	4	2	2	3	28		46	47	46
Slovénie			4	4	4			34		30
République slovaque			4	4	7			29		23
Espagne	8	9	6	4	5	21		31	31	30
Suède		7	6	5	5			20		26
Royaume-Uni		5	4	3	4			27		28
UE15		8		5	6					

Source : EUROSTAT, *Enquête sur la structure des exploitations agricoles*, 1990, 2007, 2010. http://epp.eurostat.ec.europa.eu/portal/page/portal/agriculture/farm_structure.

StatLink http://dx.doi.org/10.1787/888933163098

Investir dans l'innovation verte

Dans la plupart des pays sur lesquels des données sont disponibles, le secteur public joue un rôle majeur dans la R-D agricole. Exprimer les dépenses de R-D agricole en pourcentage des dépenses totales de recherche donne une indication de l'importance relative accordée à la recherche agricole dans la limite des contraintes imposées aux budgets publics totaux de recherche. Le **graphique 5.7** montre que la proportion des dépenses publiques de R-D consacrées au secteur agricole varie beaucoup d'un pays à l'autre. Cette proportion oscille entre environ un cinquième en Nouvelle-Zélande et à peu près 2 % en Belgique. Il ressort en outre des données empiriques que les budgets publics de R-D consacrés à l'agriculture sont demeurés relativement stables dans la zone de l'OCDE au cours des deux décennies écoulées, s'établissant aux alentours de 3 % du total.

De même, les dépenses privées de R-D agricole représentent une petite partie de la R-D privée totale dans la plupart des pays de l'OCDE sur lesquels des données sont disponibles, à une exception près. La Nouvelle-Zélande affiche en effet une proportion de 7 %, la plus importante, alors que celle-ci est inférieure à 2 % dans la majorité des autres pays membres sur lesquels des données sont disponibles (**graphique 5.8**). Néanmoins, la part du secteur agricole dans la R-D publique est plus grande, et dans plusieurs cas nettement, que la contribution du secteur au PIB total, ce qui suppose que les dépenses de R-D agricole sont bien gérées.

Quoi qu'il en soit, si l'on met en regard les dépenses publiques de R-D agricole et le soutien que reçoit le secteur d'après l'estimation du soutien total (EST), on constate que ces dépenses sont modestes par rapport à d'autres types de dépenses (**graphique 5.9**). En valeur absolue, la R-D dans la zone de l'OCDE toute entière a bénéficié d'une augmentation constante, alors que l'EST a diminué ou légèrement progressé sur la période 1990-2012 (**graphique 5.10**).

D'après des travaux de l'OCDE sur l'innovation verte, les activités de développement de technologies vertes s'accélèrent dans tous les domaines (OCDE, 2013b). Depuis 1990, dans la plupart des régions et des pays, la proportion de brevets verts augmente, et elle a atteint 10 % de la totalité des brevets en 2010 (OCDE, 2012c). Cela est en partie dû à une hausse du nombre d'innovations liées aux technologies et aux procédés d'optimisation qui favorisent la production d'énergie propre et l'efficience. De plus, la majeure partie des activités de développement de technologies est concentrée dans un nombre relativement petit de pays. En général, les pays membres de l'OCDE où l'innovation, toutes applications confondues, est la plus active sont aussi parmi les plus innovants dans les domaines technologiques intéressant la croissance verte.

La recherche publique a toujours beaucoup compté dans les systèmes d'innovation et été à l'origine d'avancées scientifiques et technologiques notables. Des liens efficaces entre les institutions publiques de recherche et l'industrie sont nécessaires pour optimiser les retombées bénéfiques de la recherche. Les technologies environnementales s'appuient sur les connaissances scientifiques qui proviennent principalement de la science des matériaux, de la chimie et de l'ingénierie (**graphique 5.11**). Les sciences agricoles et biologiques représentent en moyenne 3.7 % des technologies vertes. Le lien avec des publications, pour les sciences agricoles et biologiques, correspond à des brevets des États-Unis (0.7 %), des brevets japonais (0.3 %) ou des brevets allemands (0.2 %), les 2.5 % restants relevant de tous les autres pays.

Graphique 5.7. Crédits budgétaires publics de R-D (CBPRD) : part de l'agriculture, 2010-12 (%)

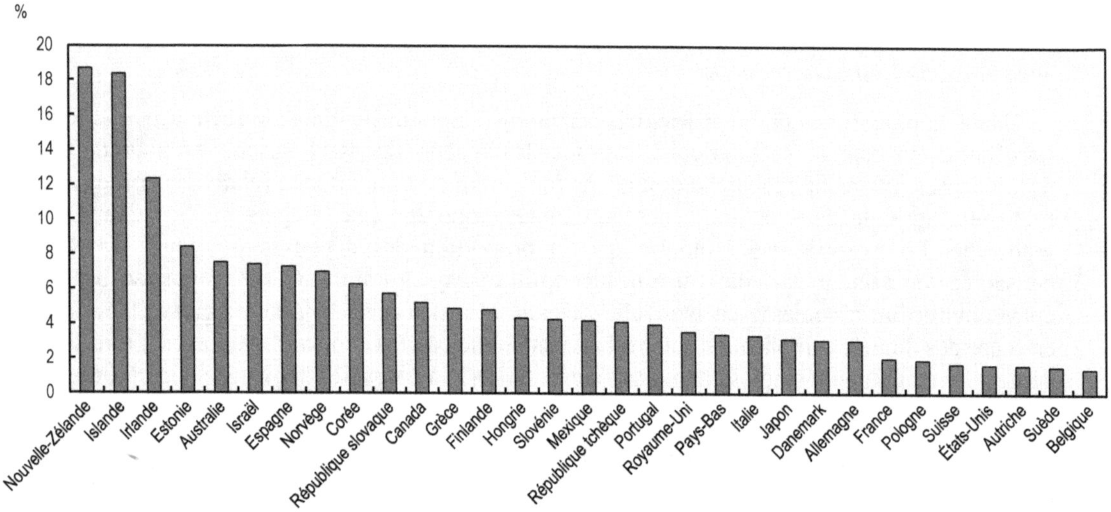

Note: Les données pour la moyenne 2010-12 renvoient à la moyenne 2010-11 pour la Belgique, la Corée, l'Espagne, l'Estonie, la France, la Hongrie, Israël, le Mexique, le Royaume-Uni, la Slovénie et la Suède ; à l'année 2010 pour la Nouvelle-Zélande et la Suisse. ISIC REV.4.

Source : OCDE (2013), *Statistiques de l'OCDE sur la Recherche et Développement - CBPRD par objectif socio-économique (Base de données Science, technologie et brevets).* http://stats.oecd.org/Index.aspx?DataSetCode=GBAORD_NABS2007.

StatLink http://dx.doi.org/10.1787/888933162322

Graphique 5.8. Dépenses de R-D des entreprises privées : agriculture en proportion du total, 2010 ou année la plus récente

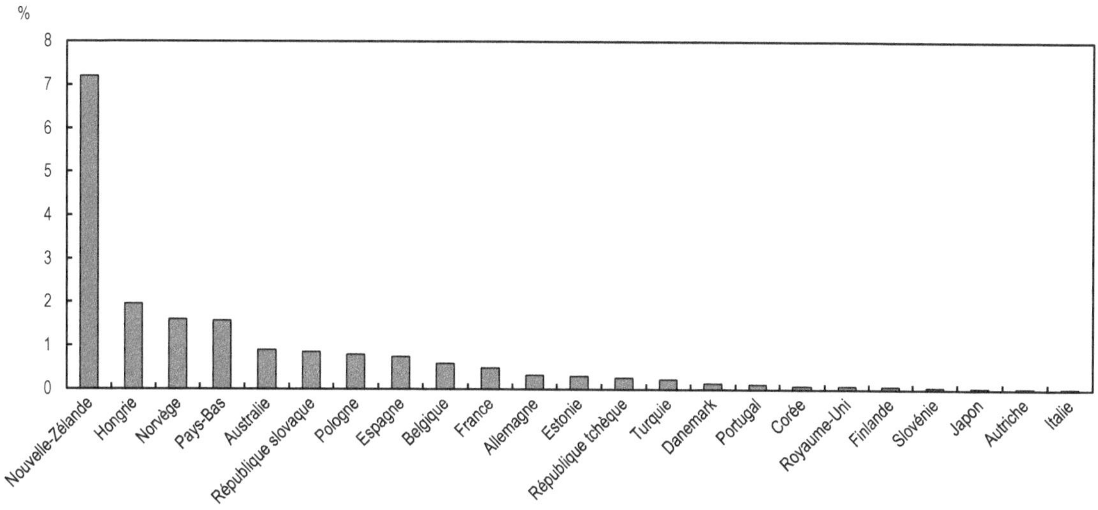

Note: ISIC REV.4.

Source : OCDE (2013), Statistiques de l'OCDE sur la Recherche et Développement - CBPRD par objectif socio-économique (Base de données Science, technologie et brevets). http://stats.oecd.org/Index.aspx?DataSetCode=GBAORD_NABS2007.

StatLink http://dx.doi.org/10.1787/888933162332

Graphique 5.9. Paiements au titre de la R-D destinée à l'agriculture en proportion du soutien total au secteur agricole, 2010-12

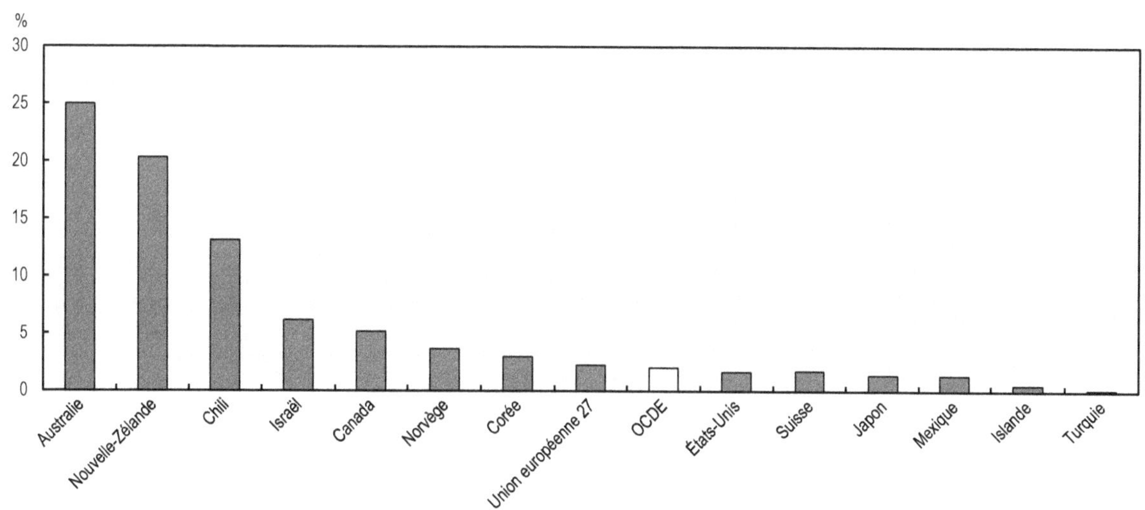

Source : OCDE (2013), "Estimations du soutien aux producteurs et aux consommateurs", Statistiques agricoles de l'OCDE (base de données), doi : http://dx.doi.org/10.1787/agr-pcse-data-fr.

StatLink http://dx.doi.org/10.1787/888933162345

Graphique 5.10. Évolution des paiements au titre de la R-D agricole et du soutien total à l'agriculture, zone de l'OCDE

1990=100

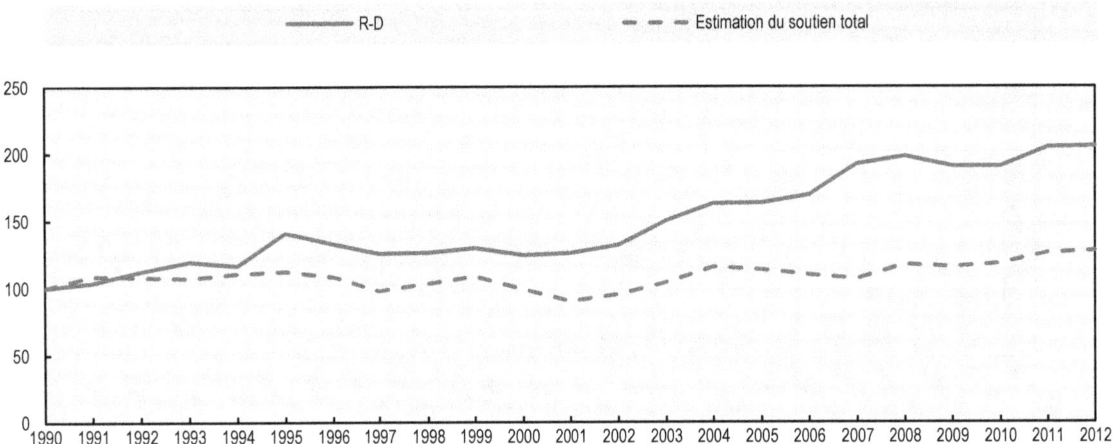

Source : OCDE (2013), "Estimations du soutien aux producteurs et aux consommateurs", Statistiques agricoles de l'OCDE (base de données), doi : http://dx.doi.org/10.1787/agr-pcse-data-fr.

StatLink http://dx.doi.org/10.1787/888933162353

Graphique 5.11. Principaux domaines scientifiques mentionnés dans les brevets « verts », par pays inventeur, 2000-07

En pourcentage de la totalité des citations

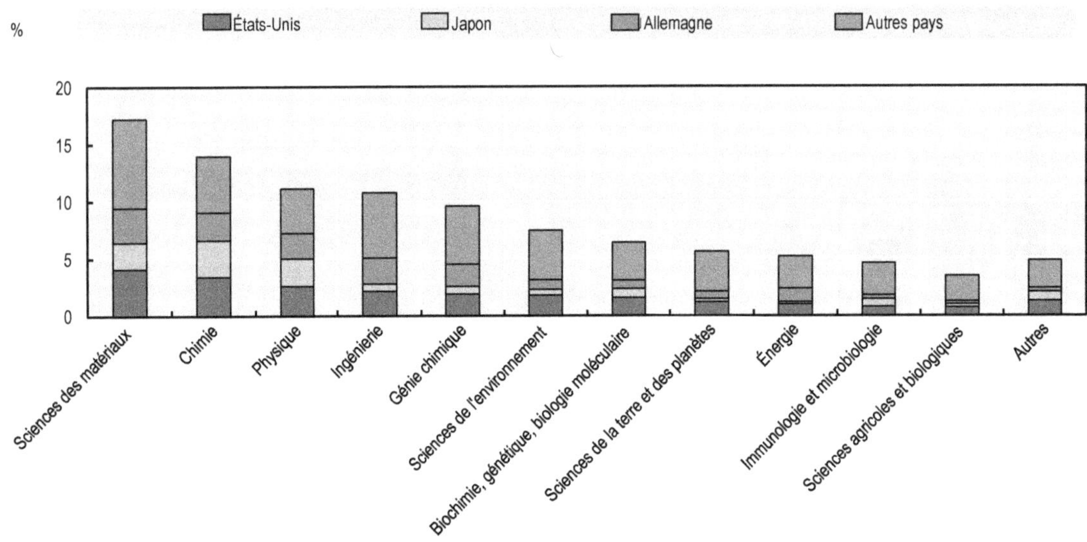

Source : OCDE (2010), *Mesurer l'innovation – Un nouveau regard*, fondé sur Scopus Custom Data, Elsevier, juillet 2009 ; OCDE (2011), "Indicateurs de coopération internationale", *Statistiques de l'OCDE sur les brevets* (base de données).
doi : http://dx.doi.org/10.1787/data-00507-fr, janvier 2010 ; et Office européen des brevets, EPO Worldwide Patent Statistical Database, septembre 2009. https://data.epo.org/data.html.

StatLink http://dx.doi.org/10.1787/888933162360

L'innovation a augmenté de manière générale au cours des dix dernières années dans le domaine de la gestion des déchets, mais le nombre des brevets sur les engrais tirés des déchets a diminué (**graphique 5.12**). Les brevets sur les biocarburants et sur l'énergie produite avec des déchets ont suivi une tendance similaire à celle des brevets sur la production d'énergie renouvelable, moyennant une augmentation régulière sur la période 1999-2009, suivie d'une baisse en 2010 (de 50 %). Les données recueillies au niveau des entreprises montrent que les efforts d'innovation varient beaucoup selon les pays (**graphique 5.13**).

Graphique 5.12. Brevets sur les technologies liées à l'environnement dans l'agriculture, zone de l'OCDE (1999=100)

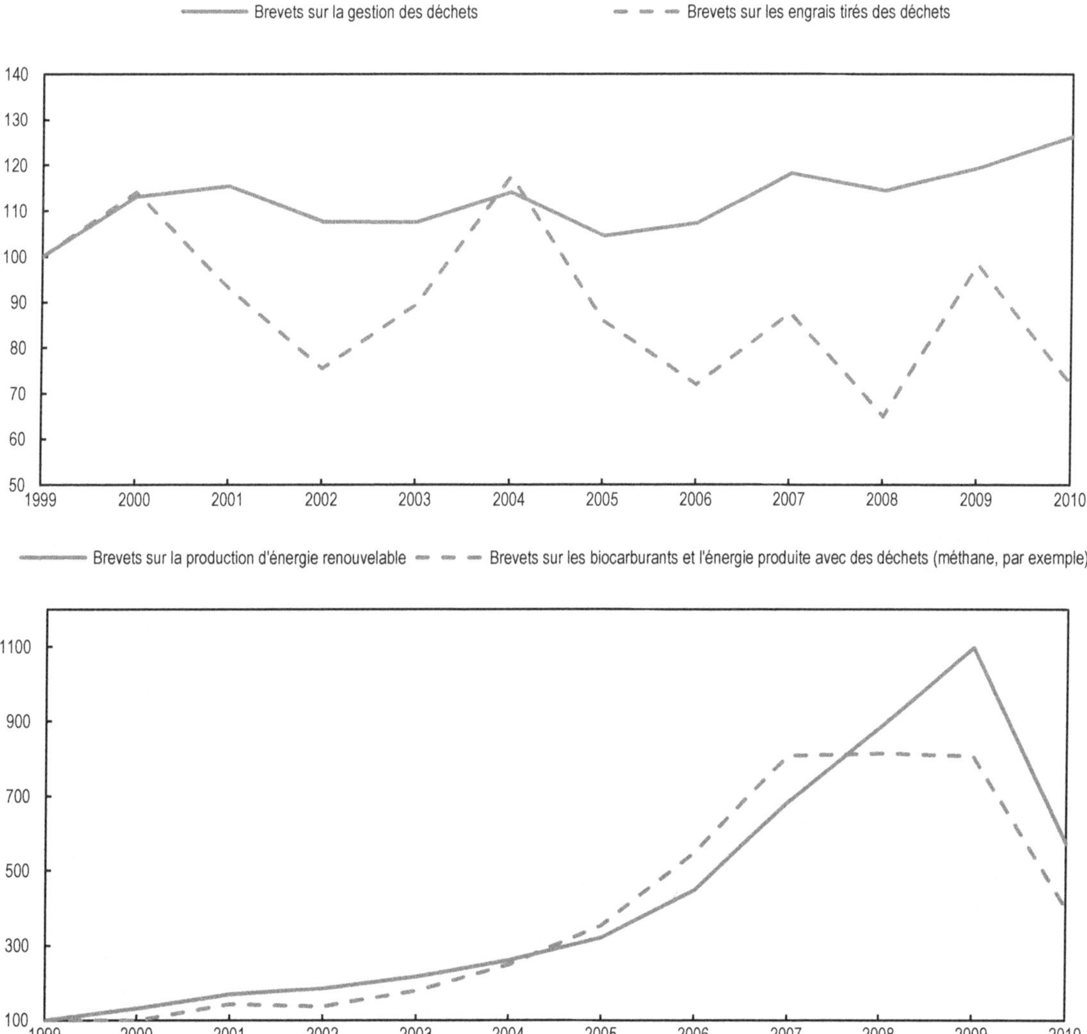

Source : OCDE (2011), « Brevets par technologies et par la classification internationale des brevets (CIB) », Statistiques de l'OCDE sur les brevets (base de données), doi: http://dx.doi.org/10.1787/data-00508-fr, (consultée le 8 juillet 2013).

StatLink http://dx.doi.org/10.1787/888933162376

Graphique 5.13. Brevets sur les technologies liées à l'environnement dans l'agriculture, 2008-10

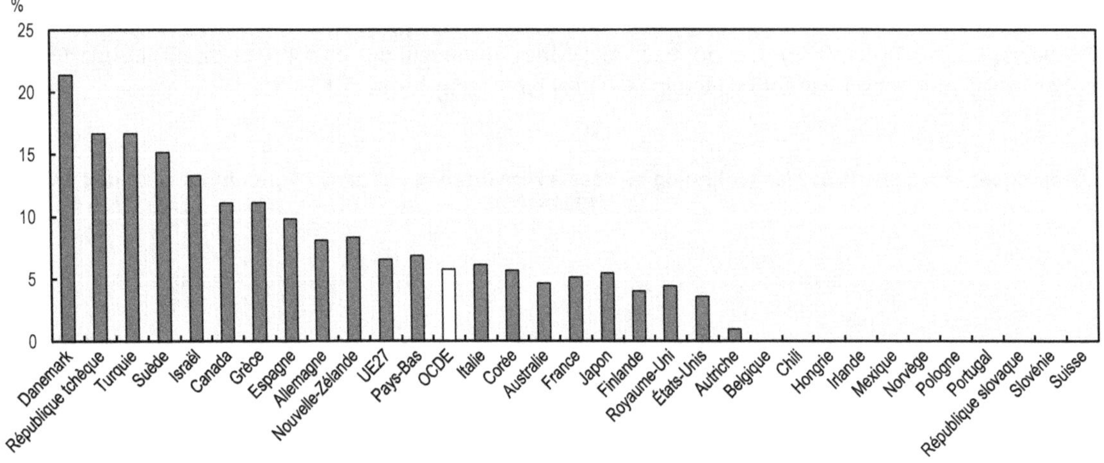

Proportion dans la production d'énergie à partir de sources renouvelables et non-fossiles[2] (%)

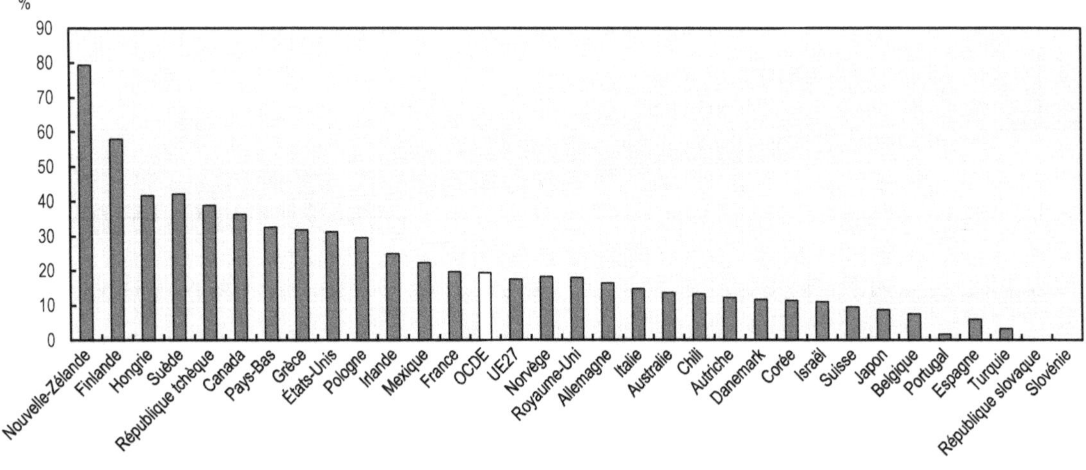

Notes :

1. proportion des engrais tirés des déchets ;
2. proportion des biocarburants et de l'énergie tirés de déchets (méthane, par exemple).

Source : OCDE (2011), « Brevets par technologies et par la classification internationale des brevets (CIB) », Statistiques de l'OCDE sur les brevets (base de données), doi : http://dx.doi.org/10.1787/data-00508-fr, (consultée le 8 juillet 2013).

StatLink http://dx.doi.org/10.1787/888933162383

En ce qui concerne les tendances et les caractéristiques de l'innovation (évaluées d'après les brevets) dans les domaines des technologies agricoles liées à l'eau, comme l'irrigation au goutte à goutte, les cultures résistantes à la sécheresse et l'irrigation contrôlée, l'innovation a progressé de manière constante au cours des dernières décennies (**graphique 5.14**). Le taux de croissance le plus élevé a été observé pour les cultures résistantes à la sécheresse, avec une progression très importante à la fin des années 1990 et au début des années 2000, avant un tassement vers la fin de la période.

L'innovation dans le secteur des technologies liées à l'eau se concentre dans un petit nombre de pays. À l'échelle mondiale, les États-Unis se placent, de loin, en tête des pays à la pointe de l'innovation en matière de technologies liées à l'eau dans le secteur agricole, tandis que certains pays se distinguent par un bon classement dans des domaines spécifiques (OCDE, 2013a).

Graphique 5.14. Évolution des innovations relatives à l'eau dans le secteur agricole

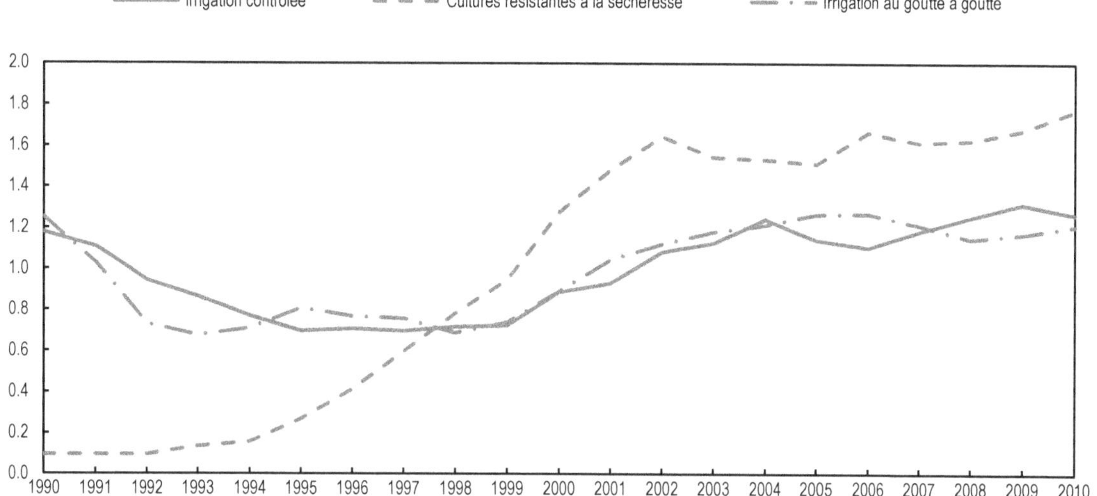

Note : pour assurer la comparabilité des séries, celles-ci ont été normalisées par leur moyenne.

Source : Dechezleprêtre, A., I. Haščič et N. Johnstone (2013).

StatLink http://dx.doi.org/10.1787/888933162393

Notes

1. Le niveau de référence désigne le niveau minimum de qualité environnementale que les agriculteurs sont tenus d'assurer à leurs propres frais et diffère d'un pays à l'autre en fonction des droits de propriété et du système juridique de chacun (OCDE, 2010).
2. Cette dimension des indicateurs bénéficiera des travaux menés actuellement pour affiner les indicateurs de la croissance verte de l'OCDE.
3. La méthode retenue pour définir les taxes liées à l'environnement dans le SCEE est différente de celle qui est utilisée habituellement dans les publications économiques, qui les définit comme les impôts frappant les externalités négatives (taxes pigouviennes). Les impôts de ce type sont définis à partir d'une évaluation de la raison qui justifie le niveau auquel ils sont fixés (autrement dit, la mesure dans laquelle un taux donné doit entraîner une réduction de l'externalité négative). Les taxes pigouviennes ne comprennent pas les taxes qui sont prélevées pour des raisons budgétaires. Étant donné qu'il est difficile de mesurer la raison précise qui explique une imposition, le SCEE privilégie la base d'imposition sous-jacente.
4. En Nouvelle-Zélande, les prix intérieurs sont dans leur majorité alignés sur les prix mondiaux et seuls sont versés des paiements au titre de la lutte contre les maladies animales et des aides en cas de catastrophes naturelles de grande ampleur.
5. Pour une énumération précise des mesures susceptibles d'être les plus bénéfiques à l'environnement, voir OCDE, 2013a, tableau 4.1.

6. Les dépenses de R-D peuvent aussi être exprimées en pourcentage du produit intérieur brut agricole (ratios d'intensité de recherche) pour rendre compte de l'activité dans le domaine de la recherche agricole (voir OCDE, 1995).

7. Les paiements au titre de ces activités sont comptabilisés dans l'estimation du soutien aux producteurs (ESP).

8. La littérature non-brevet indiquée donne le titre des revues, le nom du ou des auteurs, le numéro de volume, les numéros de page et le titre de l'article, mais ne fournit généralement pas les informations nécessaires à une analyse bibliométrique (comme le nom et l'adresse de l'organisation de l'auteur ou le nom des auteurs autres que les premiers mentionnés). Pour compléter les informations, la littérature non-brevet a été mise en regard de Scopus, base de données sur la littérature scientifique. Cela a permis de retrouver les articles scientifiques répertoriés dans la littérature non-brevet et d'obtenir des renseignements bibliographiques manquants. Les mises en correspondance ont été effectuées à partir des numéros de volume, numéros de page, années, noms de revue, noms des auteurs et titres d'articles. Ainsi, 1 612 brevets verts ont été mis en évidence sur 48 249, et 2 803 références de littérature non-brevet étaient des articles scientifiques enregistrés dans Scopus.

Bibliographie

Australian Bureau of Statistics (ABS) (2013), Towards the Australian Environmental-Economic Accounts, Information Paper, Canberra.

Dechezleprêtre, A., I. Haščič et N. Johnstone (2013), « Invention and International Diffusion of Water Conservation and Availability Technologies: Evidence from Patent Data », *in* OCDE (2013), *International Co-operation for Climate Innovation: A problem Shared is a Problem Halved*, OCDE, Paris.

EUROSTAT, *Enquête sur la structure des exploitations agricoles*, 1990, 2007, 2010. http://epp.eurostat.ec.europa.eu/portal/page/portal/agriculture/farm_structure.

Labarthe, P. et C. Laurent (2009), *Transformations of agricultural extension services in the EU: towards a lack of adequate knowledge for small-scale farms.* Document présenté au 111e séminaire EAAE-IAAE « Small farms: decline or persistence », University of Kent, 26-27 juin 2009, http://ageconsearch.umn.edu/bitstream/52859/2/103.pdf.

Nations Unies (NU) (2014), *System of Environmental Economic Accounting – Central Framework*, Banque mondiale, Commission européenne, FAO, FMI, OCDE et NU, Nations Unies, New York, http://unstats.un.org/unsd/envaccounting/seeaRev/SEEA_CF_Final_en.pdf.

OCDE (2014), *Green Growth Indicators 2014*, Études de l'OCDE sur la croissance verte, Éditions OCDE, Paris, doi : http://dx.doi.org/10.1787/9789264202030-en.

OCDE (2013a), *Moyens d'action au service de la croissance verte en agriculture*, Études de l'OCDE sur la croissance verte, Éditions OCDE, Paris, doi : http://dx.doi.org/10.1787/9789264204140-fr.

OCDE (2013b), *Les systèmes d'innovation agricole – Cadre pour l'analyse du rôle des pouvoirs publics*, Éditions OCDE, Paris, doi : http://dx.doi.org/10.1787/9789264200661-fr.

OCDE (2013c), *Taxing Energy Use: A Graphical Analysis*, Éditions OCDE, Paris, doi : http://dx.doi.org/10.1787/9789264183933-en.

OCDE (2012a), *Politiques agricoles : suivi et évaluation 2012 – Pays de l'OCDE*, Éditions OCDE, Paris, doi : http://dx.doi.org/10.1787/agr_pol-2012-fr.

OCDE (2012b), *New Sources of Growth - Knowledge-Based Capital Driving Investment and Productivity in the 21st Century. Interim Project Findings*, Paris, http://www.oecd.org/sti/50498841.pdf.

OCDE (2012c), *Vers une croissance verte : suivre les progrès – Les indicateurs de l'OCDE*, Études de l'OCDE sur la croissance verte, Éditions OCDE, Paris, doi : http://dx.doi.org/10.1787/9789264111370-fr.

OCDE (2010), *Gestion durable des ressources en eau dans le secteur agricole*, Études de l'OCDE sur l'eau, Éditions OCDE, Paris, doi : http://dx.doi.org/10.1787/9789264083592-fr.

OCDE (2009), *Manuel de l'OCDE sur les statistiques des brevets*, Éditions OCDE, Paris, www.oecd.org/fr/science/inno/manueldelocdesurlesstatistiquesdesbrevets.htm

OCDE (1995), *Changement technologique et ajustement structurel dans le secteur agricole de l'OCDE*, OCDE, Paris.

ORGANISATION DE COOPÉRATION ET DE DÉVELOPPEMENT ÉCONOMIQUES

L'OCDE est un forum unique en son genre où les gouvernements œuvrent ensemble pour relever les défis économiques, sociaux et environnementaux liés à la mondialisation. À l'avant-garde des efforts engagés pour comprendre les évolutions du monde actuel et les préoccupations qu'elles suscitent, l'OCDE aide les gouvernements à y faire face en menant une réflexion sur des thèmes tels que le gouvernement d'entreprise, l'économie de l'information et la problématique du vieillissement démographique. L'Organisation offre aux gouvernements un cadre leur permettant de confronter leurs expériences en matière d'action publique, de chercher des réponses à des problèmes communs, de recenser les bonnes pratiques et de travailler à la coordination des politiques nationales et internationales.

Les pays membres de l'OCDE sont : l'Allemagne, l'Australie, l'Autriche, la Belgique, le Canada, le Chili, la Corée, le Danemark, l'Espagne, l'Estonie, les États-Unis, la Finlande, la France, la Grèce, la Hongrie, l'Irlande, l'Islande, Israël, l'Italie, le Japon, le Luxembourg, le Mexique, la Norvège, la Nouvelle-Zélande, les Pays-Bas, la Pologne, le Portugal, la République slovaque, la République tchèque, le Royaume-Uni, la Slovénie, la Suède, la Suisse et la Turquie. L'Union européenne participe aux travaux de l'OCDE.

Les Éditions OCDE assurent une large diffusion aux travaux de l'Organisation. Ces derniers comprennent les résultats de l'activité de collecte de statistiques, les travaux de recherche menés sur des questions économiques, sociales et environnementales, ainsi que les conventions, les principes directeurs et les modèles développés par les pays membres.

ÉDITIONS OCDE, 2, rue André-Pascal, 75775 PARIS CEDEX 16
(51 02014 08 2 P) ISBN 978-92-64-22610-4 – 2015

www.ingramcontent.com/pod-product-compliance
Lightning Source LLC
LaVergne TN
LVHW081416110826
845149LV00010B/1759

* 9 7 8 9 2 6 4 2 2 6 1 0 4 *